自然资源部法治研究重点实验室开放基金
（项目编号：CUGFZ—2102）资助

自然保护地体系概述

The Overview to Natural Protected Areas System

方世明　武　慧　杨媛媛　编著

图书在版编目(CIP)数据

自然保护地体系概述 / 方世明,武慧,杨媛媛编著. —武汉:中国地质大学出版社,2023.12

ISBN 978-7-5625-5678-7

Ⅰ.①自… Ⅱ.①方… ②武… ③杨… Ⅲ.①自然保护区-建设-中国-高等学校-教材 Ⅳ.①S759.992

中国国家版本馆 CIP 数据核字(2023)第 244058 号

自然保护地体系概述		方世明 武 慧 杨媛媛 编著
责任编辑:胡 萌	选题策划:王凤林	责任校对:沈婷婷
出版发行:中国地质大学出版社(武汉市洪山区鲁磨路 388 号)		邮编:430074
电 话:(027)67883511	传 真:(027)67883580	E-mail:cbb@cug.edu.cn
经 销:全国新华书店		http://cugp.cug.edu.cn
开本:787 毫米×1 092 毫米 1/16		字数:338 千字 印张:13.25
版次:2023 年 12 月第 1 版		印次:2023 年 12 月第 1 次印刷
印刷:湖北睿智印务有限公司		
ISBN 978-7-5625-5678-7		定价:48.00 元

如有印装质量问题请与印刷厂联系调换

前　言

生态文明建设是中国发展的重大战略，自然保护地体系的构建则是生态文明建设战略中重要的空间手段，对实现"美丽中国"目标具有关键性意义。党的十八届三中全会明确提出要建立国家公园体制，党的十九大报告中进一步强调建立以国家公园为主体的自然保护地体系，党的十九大以来国家行政管理体制的改革客观上也为加快自然保护地体系的建设提供了外部条件。在这一改革背景下，中国自然保护地体系的建设在实践中得以较快地推进。

2015 年 12 月，中央全面深化改革领导小组第十九次会议审议通过了《三江源国家公园体制试点方案》。2017 年 9 月，中共中央办公厅、国务院办公厅印发了《建立国家公园体制总体方案》，明确了建立国家公园体制的总体要求、目标任务和制度措施，提出"研究制定有关国家公园的法律法规"并部署开展试点工作。2018 年 3 月，中共中央印发了《深化党和国家机构改革方案》，国家公园管理局正式组建成立。2019 年 6 月，中共中央办公厅、国务院办公厅印发了《关于建立以国家公园为主体的自然保护地体系的指导意见》，进一步明确了保护体系建设的总体目标和阶段性任务。根据《国家公园空间布局方案》，到 2035 年，中国将基本建成全世界最大的国家公园体系。

为加强生物多样性保护，中国正加快构建以国家公园为主体的自然保护地体系，逐步把自然生态系统最重要、自然景观最独特、自然遗产最精华、生物多样性最富集的区域纳入国家公园体系。2021 年 10 月中国正式设立三江源、大熊猫、东北虎豹、海南热带雨林、武夷山等第一批国家公园，保护面积达 23 万 km^2，涵盖近 30%的陆域国家重点保护野生动植物种类。

我国的自然保护事业经过 60 余年的发展，逐步形成了以自然保护区为主体，包括风景名胜区、森林公园、地质公园和湿地公园等 10 余种自然保护地形式。据不完全统计，截至 2017 年 5 月，全国各类自然保护地已逾 12 000 个(不包含自然保护小区)，总面积(扣除重叠部分)覆盖了我国陆域面积的近 18%。其中，自然保护区占国土总面积的 14.8%。但因受管理体制的限制，存在多头管理、交叉重叠、孤岛化严重、保护管理效能不明确等问题，严重影响了保护成效，难以满足保障国家生态安全的基本要求。党的十九大报告明确提出要构建国土空间开发保护制度，完善主体功能区配套政策，建立以国家公园为主体的自然保护地体系，预示着我国的自然保护事业将逐步实现以自然保护区为主体向以国家公园为主体的历史性转变，这是我国进入中国特色社会主义新时代、党中央站在中华民族永续发展的高度提出的战略举措。这一战略举措对于优化和完善中国自然保护地体系、理顺自然保护地管理体制、缓解保护与发展的矛盾、更好地保护生物多样性具有重大意义。但在如何协调现有不同类型的保护地、构建具有中国特色的自然保护地体系、确立国家公园的主体地位等方面还缺乏系统研究。

本书共10章，第1章和第2章分别介绍了自然保护地体系的概念与发展历程、自然保护地的体系分类；第3章至第5章详细地介绍了我国自然保护地的三大类型(国家公园、自然保护区、自然公园)的定义、分类、发展历程与现状等，同时介绍了自然公园在不同国家的划分情况等；第6章至第9章详细地介绍了森林公园、地质公园、风景名胜区和矿山公园这4类较为常见自然保护地的概念、产生与背景、发展与展望等内容；第10章以国内外著名自然保护地为例，简要概述了湿地公园、海洋公园、沙漠公园、冰川公园、草原风景区及自然遗产的概念、特点等。

本书拟在分析国内外自然保护地分类体系的基础上，梳理我国现有自然保护地的现状，以期为新时代以国家公园为主体的自然保护地体系提供对策。

在此，感谢自然资源部法治研究重点实验室开放基金(项目编号：CUGFZ—2102)的资助，感谢武慧、杨媛媛、胡诗薇、楠玎、张楚乔、赵一诺、康涵喆、刘子璇等同学的辛勤工作和通力配合。同时，这本书能够如期出版，也与中国地质大学出版社的王凤林、胡萌、李焕杰等编辑所付出的时间和劳动分不开。

方世明

2023年7月

目　录

1　自然保护地体系的概念与发展历程

自然保护地是指一个明确界定的地理空间，通过法律或其他有效方式获得认可、承诺和管理，以实现对自然资源及其所拥有的生态系统服务和文化价值的长期保育。具有良好生态代表性和实现有效管理的自然保护地体系对保护生物多样性和保障国家生态安全至关重要，并受到各国政府和国际机构的普遍支持。

1.1　自然保护地的定义及 IUCN 分类

自然保护地的实践起源于 19 世纪的美国，其标志性事件是 1872 年美国黄石国家公园的建立，目标是保护那里独特的自然景观、生态系统以及濒危野生动植物。自然保护地的实践对于自然资源保护、生态环境保护和生物多样性维护具有极其重要的意义，是人类可持续发展、人与自然和谐相处的重要手段。

1.1.1　自然保护地的定义

1994 年，世界自然保护联盟(International Union for Conservation of Nature，简称 IUCN)(图 1.1)将保护地(Protected Areas)定义为通过法律或其他有效管理方式，对陆地或海洋等地理空间的生物多样性、自然文化资源等进行有效保护，以达到长期自然保育、生态系统服务和文化价值保护的目的。目前，这一定义已经在世界范围内被广泛认可和接受。

图 1.1　世界自然保护联盟标识(http://www.iucn.org)

结合中国提出的划定生态保护红线、规划主体功能区、建立国家公园体制和各类自然保护地等举措,借鉴国际经验,自然保护地是指由各级政府依法设立并进行有效管理,实现生态系统和自然文化遗产资源保护和合理利用,提供生态系统服务和生态产品,具有严格、清晰的生态红线界定范围的自然区域。国家公园与其他类型自然保护地同属自然保护地体系大家庭。国家公园是自然保护地中最重要类型之一,由国家确立并主导管理,与其他国家级自然保护地同属于全国主体功能区规划中的禁止开发区域,纳入全国生态保护红线区域管控范围,实行最严格的保护。

如今,世界自然保护地体系主要由 IUCN 的世界保护地委员会(The World Commission on Protected Areas,简称 WCPA)和联合国环境规划署的世界保护监测中心(UNEP World Conservation Monitoring Centre,简称 UNEP-WCMC)负责协作管理。此外,《保护世界文化和自然遗产公约》、"人与生物圈计划"和《湿地公约》的管理机构也为世界保护地的管理提供支持。通过国际保护地相关组织的协同努力,保护地已成为国际认可的保护自然资源的主要工具。

1.1.2 自然保护地的 IUCN 分类

IUCN 在 1994 年根据自然保护地的主要管理目标、保护严格程度、资源价值和可利用程度等,将全球自然保护地划分为六大类型(表 1.1)。虽然各国对于自然保护地体系的构成要素会根据各国保护对象、保护性质和管理系统的差异有不同的划分方法,但整体上,IUCN 提出的自然保护地分类体系在全球范围内被广泛接受、认可并应用。

表 1.1 1994 年 IUCN 提出的保护地分类体系

类别	名称
类型Ⅰ	Strict Nature Reserve / Wilderness Area(严格自然保护区/荒野地保护区)
类型Ⅱ	National Park 国家公园
类型Ⅲ	Natural Monument or Feature(自然历史遗迹或地貌)
类型Ⅳ	Habitat / Species Management Area(栖息地/物种管理保护区)
类型Ⅴ	Protected Landscape / Seascape(陆地/海洋景观保护区)
类型Ⅵ	Protected Area with Sustainable Use of Natural Resources(自然资源可持续利用保护区)

1.2 海外自然保护地管理体系概述

自然生态系统和生物多样性是人类赖以生存和发展的物质基础,也是国家生态安全的重要基石。为保护生态系统完整性和生物多样性,世界各国参考 IUCN 提出的保护地分类体系和本国资源禀赋，建立了符合自身国情特点的自然保护地体系，并形成了一系列值得借鉴的保护管理经验。

1.2.1　海外自然保护地管理体系

1.2.1.1　海外自然保护地管理体系分类

为了增加生物多样性和自然资源就地保护的有效性，经过上百年的努力，世界各国根据自身的国情陆续建立了不同类型的自然保护地，形成了各具特色的自然保护地体系。目前，全世界有200多个国家和地区建立了国家公园、自然保护区等自然保护地。

美国自然保护地分为联邦自然保护地、州立自然保护地和地方自然保护地3级，其中联邦自然保护地包括国家公园体系、国家森林保护体系等。英国自然保护地分为政府类自然保护地、公益类自然保护地、欧盟自然保护地和国际自然保护地，其中政府类自然保护地主要有森林公园、国家自然保护区等。加拿大主要的自然保护地类型有国家野生动物保护区、国家公园等。法国自然保护地分为国际、欧盟、国家、地区、机构和城市六大层面，其中，国家层面的自然保护地主要包括国家公园、国家自然保护区等。巴西自然保护地分为联邦自然保护地、州立自然保护地及市级自然保护地3个层次，其中，联邦自然保护地包括国家公园、生物保护区等。菲律宾国家综合自然保护地包括严格自然保护区、自然公园、自然遗迹等。津巴布韦自然保护地包括野生动物管理区、国家森林、狩猎区、植物保护区、游憩公园、国家公园等。建设自然保护地能够有效地保护自然生态系统和生物多样性，自然保护地建设已经成为世界各国保护自然的重要手段。

1.2.1.2　海外自然保护地体系划分标准

各国在对自然保护地进行分类时，根据本国的资源和文化特色，采用不同的分类标准，构建了类型多样、分类复杂、符合自身国情特点的保护地分类体系。这些分类标准具有明显差异，表现在保护对象、保护目标、等级层次、法律依据、管理主体和地理权属等方面。

美国根据保护对象的不同，将保护地划分为八大系统，包括国家公园系统、国家森林系统（含国家草原）、国家野生动物庇护系统、国家景观保护系统、国家海洋保护区系统、国家荒野地保护系统、国家原野与风景河流系统和生物圈保护地区（国际性保护地），同时各分类系统又进一步设有不同的细分类别，最终形成包括32类（含国际保护地类型）保护地在内的自然保护地体系。

澳大利亚也将其保护地体系中的“保护区”细分为保存保护区、森林保护区、运动保护区、历史保护区、狩猎保护区和喀斯特保护区等小类。

巴西根据保护目标的不同，将保护地划分为两大类型，包括进行严格保护的“完全保护类保护地”，以及保护与利用并举的“可持续利用类保护地”。

英国根据保护地等级层次，将保护地划分为国际级别、欧洲级别、英国国家级别（UK）和英国成员国级别（Sub-UK）4个等级，共计36类（含国际保护地类型）保护地。其中，国际级别和欧洲级别的保护地均以生物多样性和生态系统保护为目标;英国国家级别和英国成员国级别的保护地多以景观保护、公众游憩为目的。虽然从国际级别、欧洲级别到英国国家级别保护地的保护内容重要性和保护力度逐级下降,但英国国家级别与英国成员国级别两类保护地的保护力度没有高低之分。

西班牙根据法律框架的约束和保护,将保护地划分为三大类别,这三大类别又根据保护对象的不同细分为不同小类,形成共计 15 类(含国际保护地类型)保护地的自然保护地体系。

澳大利亚根据管理主体的不同,将保护地划分为由联邦政府管理、州/领地政府管理、非政府组织和私人组织管理的共计 33 种(含国际保护地类型)保护地类型。

但不管各国采用何种保护地分类标准,形成怎样的保护地分类体系,构建保护地的出发点均是一致的,即保护自然生态环境、维护生物多样性,达到永续利用和可持续发展的目的。

1.2.1.3 海外自然保护地体系类型

除世界遗产、世界地质公园、人与生物圈保护区保护地和《湿地公约》保护地等国际性保护类型外,各国在自然保护地类型数量上的差异巨大。保护地类型的多少,与所在国国土面积和经济发展情况密切相关。例如,在保护地类型超过 30 类的国家中,美国、澳大利亚主要是因为两国国土面积庞大、自然资源丰富,经济发展处于世界领先水平,对自然保护的意识和行动都更为积极,因此其保护地类型多样、分类复杂。而英国的现代保护区运动历史悠久,对自然资源保护管理的理念更加先进,地方和私人保护区较多,因此其保护地类型划分更加细致全面。而在保护地类型相对较少的国家中,要么是因为国土面积小,自然资源有限,要么是因为经济发展缓慢,保护运动才刚刚起步,前者包括新加坡、芬兰、瑞士等,后者包括朝鲜、刚果等。当然,保护地类型的数量还与所在国土地制度、法律制度以及保护地发展历史有关。

1.2.2 海外自然保护地分区模式

由于功能的特殊性,保护地的建设与管理从一开始就面临着土地权属、部门协作、土著居民协调、公众游憩及教育需求等诸多问题的困扰,也正是在这种背景下,对保护地进行分区的思想应运而生。保护地分区指的是依据保护地的自然地理、生态学特征,所能提供的游憩体验和承载力,以及相关利益主体的权益等因素对保护地中全部土地进行分类,赋予特定目标后再予以管理的办法。

分区制能够有效缓解不同使用者或利益群体间的矛盾,同时最大可能地保护原有自然环境不受侵害,是一种最为直接有效的保护区管理方式。在旅游业发达的今天,自然保护地已成为安置游客最主要的地区之一。分区制是使自然保护地内大部分土地及生物资源保持野生状态,并把人工设施限制在最小范围内的一种管理手段。对于需要提供游憩体验的自然保护地而言,科学合理的功能分区能够帮助管理者同时实现维持生物多样性和为游客提供满意游憩体验的双重目标。

1.2.2.1 代表性分区模式

自然保护地按被保护的重要性和可利用性，通常划分为核心区、缓冲区、实验区或游憩区。

有学者将核心区和缓冲区以外的区统称为“多用途地区”。自然保护地的功能分区可归纳为严格保护区、重要保护区、限制性利用区和利用区 4 类。从严格保护区到利用区，保护程度逐渐降低，而利用程度及公众可进入性逐渐增强。

第一区为严格保护区，保护要求最高，几乎不允许任何形式的人类利用。该区通常具有如下特征：①为濒危或珍稀野生动植物栖息地；②含有重要并脆弱的生态系统类型；③为最能代表所属区自然特征的样本区域。

第二区为重要保护区，是严格保护区的缓冲空间，在维护生态系统完整性上具有重要价值，保护要求稍次于第一区。在管理上，通常允许少量的游憩活动和其他对自然影响较小的人类活动，设有观景台和步行道等基本服务设施。

第三区为限制性利用区，即在一定限制条件下的利用。在这一区域内开展的游憩和其他人类活动不得改变原有的自然景观、地形地貌，不允许建设与自然景观相冲突的建筑物，须限定环境的游憩容量。该区通常具有优美自然景色，允许的游憩活动类型较第二区更加多样化，可以容纳的游客数量较多。

第四区为利用区，通常占保护地总面积比例最小，是为满足保护地必要的经济发展或当地居民生活要求而设立的区域。该区允许集中的人类活动和利用，保护要求相对较低。将这些必要的利用活动集中在一个相对较小的区域能有效降低人类对环境的大面积破坏。公园服务区、居住区以及一些特殊利用区可归为此类。

1.2.2.2 各国分区模式比较

根据不同背景和保护目标，自然保护地的分区模式基本可归为以下 3 类。

(1)三圈层同心圆分区模式。以自然保护为单一目标的自然保护区在分区上相对简单，基本都采用联合国教科文组织提出的三圈层同心圆分区模式，即核心区、缓冲区和试验区(也称过渡区)模式。三圈层同心圆分区模式普遍应用于以自然保护为唯一或首要目的的自然保护区、生物圈保护区。其中，核心区占地面积最大，通常占总面积的 50%以上，只允许少量的科研活动；缓冲区为降低外界环境对核心区的影响而设立，可以起到提供补充核心区栖息地的作用，允许少量开展对环境影响较小的人类活动；最外围为试验区，占地面积较小，通常是当地居民的居住区和生产区，提供满足当地居民基本生产、生活的场地，但不允许发展具有污染性的生产产业。

(2)以加拿大国家公园为代表的分区模式。这种模式包含有严格保护区、重要保护区、限制性利用区和利用区。美国、澳大利亚、秘鲁等国家也采用该模式。该模式有严格限制公众进入的区域，适用于面积较大的国家公园。分区时同时考虑自然保护、公众享用和教育的需求，不同利用区将不同公众需求细化，有利于满足多样化的游憩体验。在面积划分上，严格保护区和重要保护区构成国家公园的主体。国家公园兼具自然保护区的职责，将生态系统的完整性保护作为重要目的。

(3)以日本国立公园为代表的分区模式。这类分区模式的代表国家有日本和韩国，国家公园内的土地被划分为重要保护区、限制性利用区和利用区。在国家公园的评选上，以风景美学价值为首要评判标准。国家公园的保护是为能永续地被公众享用和提供教育。由于国土面积小、人口密度大，这些国家在国家公园的分区管理上与加拿大等国家存在一定差别。该类分区没有明确划分出严禁公众进入的区域，各区面积无较大差异。利用区包括居住区和公园服务区。

1.2.3 海外自然保护地体系的特点和对我国自然保护地体系建设的启示

1.2.3.1 跨区域大尺度的保护地

为了更好地保护生态系统完整性，国际上不断出现跨国家、跨地区的大尺度保护地类型。

欧盟各成员国为了对欧洲大陆的各类自然资源进行整体保护，联合设立了跨国家、跨区域的保护地类型。其中，Natura 2000自然保护区网络是在欧洲大陆建立的一个生态廊道，是野生动植物物种的自然栖息地，也是物种迁徙路线的重要保护地区。欧盟成员国总领土面积的18.3%已经被纳入该保护地类型，超过1000种动植物和200多个栖息地受到保护。与此同时，法国、瑞典、波兰、西班牙和德国等还签订了拉姆萨尔公约来对欧洲的湿地资源进行整体保护，以在不损害湿地生态体系的条件下对湿地资源进行永续利用。

美国蒙大拿州的冰川国家公园(Glacier National Park)设立于1910年，面积4100km^2，以被冰雪覆盖的山顶、绿松石、湖泊、丰富的动植物资源和“U”形峡谷闻名于世。建于1895年，面积505km^{2}的加拿大沃特顿湖国家公园(Waterton Lakes National Park)与其紧密相连。沃特顿湖国家公园是发源于美国境内的冰川国家公园，两个公园的生态系统密不可分。基于整个区域的自然保护需求，同时为了实现两国人民和平共处、共享人类共同财富的愿望，1932年，两个分属不同国家的公园签署决议，成立了世界上第一个国际和平公园——沃特顿冰川国际和平公园，有效地保护了公园生态系统的完整性。合并后的公园是“落基山脉的皇冠”，并于1995年列入世界自然遗产名录。

1.2.3.2 与本国国情相适应的特色保护地

各国在对保护地进行分类时，还十分注重自身的自然资源与历史文化，设立了许多符合本国国情且行之有效的特色保护地类型。

例如，美国为了对境内大面积成片的西部荒原以及多条具有休闲游憩和历史文化价值的河流进行整体保护，专门设立了国家荒野地保护系统和国家原野与风景河流系统。其中，国家荒野地保护系统是在联邦公有土地上建立的一种大面积、跨州的保护地类型，由美国国会命名、联邦机构管理；而国家原野与风景河流系统是美国国土上建立的一种线性的、跨州的保护地类型，目的是保护那些具有江河自然特征与风景游憩价值的河流。国家原野与风景河流系统的发展时间背景是20世纪中叶，当时美国河流资源的过度开发、破坏和污染等现象引发了政府和社会的广泛关注，于是1968年美国颁布了世界上第一部以河流风景保护为主要目的的法律——《原野及风景河流法案》，旨在保护那些风景河流免受开发所造成的不可逆转的破坏。同时，该法案还规定任何联邦机构不得批准或资助原生自然与风景河流上的水资源建设项目。这种线型保护地是对传统面状、点状保护地的有效补充，美国国家风景步道的设立目的也是如此。英国为了保护质朴浪漫的乡村田园风光，设立了乡村公园、地区公园等半乡村型的保护地类型。韩国根据历史文化特色，设立了朝鲜王宫（陵）、遗迹、天然纪念物等小尺度、自然文化相融合的保护地类型。

海外自然保护地体系对我国自然保护地体系建设的启示有以下3点。

1. 借鉴国际经验

首先，借鉴国家公园的先进理念，确立国家公园在保护地体系中的主体地位，并建立跨区域的大尺度保护地，特别是在我国西部地区、不同阶地转换处，珍稀濒危动物栖息地和迁徙廊道等地区，以解决我国自然保护地碎片化、孤岛化的保护现状。

其次，针对我国水电开发、流域污染导致的河流生态退化严重的问题，借鉴美国的原野与风景河流系统和欧盟自然保护生态廊道的国际经验，设立国家风景河道等线型保护地。另外，在秦岭、横断山脉和太行山脉等区域，也可结合历史古道设立国家风景步道。

2. 尊重中国国情

中国人口众多，亟待建立一个类型合理、分工有序、特色鲜明的自然保护地体系，更好地对丰富多样的自然资源进行保护和利用。

类型合理和分工有序是相辅相成的。新的保护地体系的构建，必须建立在科学评估现有保护地职能、经验与问题的基础上。我国现有各类保护地在不同领域为国家的自然保护贡献了力量，也积累了与国情相适应、兼顾保护和利用的管理模式和经验，例如自然保护区的严格管理、风景名胜区的规划和管控体系等。从类型数量看，我国现有保护地类型与国际平均水平相当，而之所以出现“九龙治水”的问题，主要是管理上存在一定问题，例如交叉设置、多头管理等。目前，自然保护地划归自然资源部统一管理以后，以往制约保护地体系建设的“制度桎梏”已经被打破，只要按照国家公园体制建设的总体要求建章立规、统一管理，充分调动各自积极性，该保护的绝对严格保护，该利用的坚持科学利用，空间上不重复，功能上有侧重，该增加的类型还可以增加（如上述的风景河道），就一定能够建立符合中国国情的保护地体系。

3. 弘扬民族文化

我国自然资源多样，历史文化悠久，自然与人文高度融合。在推进自然保护地体系建设时，不可完全效仿西方将自然与人文割裂的保护地模式。特别是以名山大川为基底的中国风景名胜区，经过长期的自然崇拜、国家祭祀、宗教朝圣、山水诗画等人文作用，孕育并衍生出了极其丰富的山水文化、宗教文化、书院文化和民俗文化，成为一种以优美自然景观为基础，自然人文高度融合，并对中华民族以及周边国家和地区哲学思想产生重大影响的特殊保护地。风景名胜区是其他国家所没有的保护地类型，是中国在世界保护地类型中的独创。因此，在建设中国特色自然保护地体系的过程中，必须确立风景名胜区的特殊功能和特色地位，更好地坚持中国特色社会主义道路，践行生态文明，坚定文化自信，实现中华民族伟大复兴。

1.3 我国自然保护地体系概述

1.3.1 我国自然保护地体系的定位

2023 年 1 月 19 日发布的《新时代的中国绿色发展》白皮书指出，中国要初步建立新型自然保护地体系；努力构建以国家公园为主体、自然保护区为基础、各类自然公园为补充的自然保护地体系，逐步把自然生态系统最重要、自然景观最独特、自然遗产最精华、生物多样性最富集的区域纳入国家公园体系；正式设立三江源、大熊猫、东北虎豹、海南热带雨林、武夷山首批 5 个国家公园，积极稳妥有序推进生态重要区域国家公园创建。截至 2021 年底，中国已建立各级各类自然保护地近万处。

生态保护红线是国家生态安全的底线和生命线。中国将生态功能极重要、生态极脆弱以及具有潜在重要生态价值的区域划入生态保护红线，包括整合优化后的自然保护地，实现一条红线管控重要生态空间。截至 2023 年，中国陆域生态保护红线面积占陆域国土面积比例超过 30%。

中国以国家重点生态功能区、生态保护红线、自然保护地等为重点，启动实施山水林田湖草沙一体化保护和修复工程，统筹推进系统治理、综合治理、源头治理。中国森林覆盖率和森林蓄积量连续 30 多年保持“双增长”。中国是全球森林资源增长最多、人工造林面积最大的国家。中国在世界范围内率先实现了土地退化“零增长”，荒漠化土地面积和沙化土地面积“双减少”，对全球实现 2030 年土地退化“零增长”目标发挥了积极作用。

1.3.2 我国自然保护地体系的发展历程

1956 年，我国建立了首个自然保护区——广东鼎湖山国家级自然保护区。此后，经过60 多年的不懈努力，我国的自然保护事业快速发展，取得了显著成绩，建立了数量众多、类型丰富、功能多样的各级各类自然保护地。来自国家林业和草原局的数据显示，我国先后建立了自然保护区、风景名胜区、国家公园、森林公园、地质公园等 10 余种保护地类型，保护地数量超过 1.18 万个，保护地范围基本覆盖了绝大多数重要的自然生态系统和自然遗产资源，在维护国家生态安全、保护生物多样性、保存自然遗产和改善生态环境质量等方面发挥了重要作用，使我国各类自然生态系统和大部分生物多样性得到了有效保护。

但随着我国经济社会的发展，作为当时“抢救式”背景下发展起来的自然保护地体系，长期以来存在顶层设计不完善、管理体制不顺畅、产权责任不清晰等问题。近年来，保护地重叠设置、多头管理、边界不清、权责不明、保护与发展矛盾突出等问题愈发凸显。当前，我国保护地体系提供优质生态产品和支撑经济社会可持续发展的基础十分薄弱，与新时代发展要求不相适应。

党中央、国务院对建立以国家公园为主体的自然保护地体系高度重视。2018年初，党和国家机构改革方案有关文件中明确提出，要加快建立以国家公园为主体的自然保护地体系，组建国家林业和草原局，加挂国家公园管理局牌子，由国家林业和草原局统一监督管理国家公园、自然保护区、风景名胜区、海洋特别保护区、自然遗产、地质公园等自然保护地。

以国家公园为例，2022年12月印发的《国家公园空间布局方案》指出，我国国家公园的保护总面积约为110万 km^2，居世界首位。该方案遴选出49个国家公园候选区（含正式设立的5个国家公园），其中陆域44个、陆海统筹2个、海域3个。该方案覆盖了森林、草原、湿地、荒漠等自然生态系统，以及自然景观、自然遗产、生物多样性等最富集区域，共涉及现有700多个自然保护地、10项世界自然遗产、2项世界文化和自然双遗产、19处世界人与生物圈保护区。保护对象包括5000多种野生脊椎动物和2.9万余种高等植物，保护了超80%的国家重点保护野生动植物物种及其栖息地，保护了国际候鸟迁徙、鲸豚类洄游、兽类跨境迁徙关键区域。49个国家公园候选区直接涉及28个省（自治区、直辖市），全社会将共同参与国家公园建设，通过特许经营、经营服务、生态管护公益性岗位等形式吸纳原住居民、社会公众，直接参与国家公园的保护建设管理，共享国家公园带来的生态福祉。到2035年，基本完成国家公园空间布局建设任务。

一系列对国家公园和自然保护地体系的精准设计表明，中国自然保护领域正在经历一场历史性变革。从初期的缓慢发展到抢救性保护，再到人与自然和谐共生、生态与经济发展共赢的思想逐步形成，以国家公园为代表的先进保护形式将对我国自然生态系统产生深远的历史影响。

1.3.3　我国自然保护地类型

按照自然生态系统原真性、整体性、系统性及其内在规律，依据管理目标与效能并借鉴国际经验，将自然保护地按生态价值和保护强度高低依次分为3类。

国家公园：以保护具有国家代表性的自然生态系统为主要目的，实现自然资源科学保护和合理利用的特定陆域或海域。国家公园是中国自然生态系统中最重要、自然景观最独特、自然遗产最精华、生物多样性最富集的部分。

自然保护区：保护典型的自然生态系统、珍稀濒危野生动植物种的天然集中分布区、有特殊意义的自然遗迹的区域。自然保护区具有较大面积，可确保主要保护对象安全，维持和恢复珍稀濒危野生动植物种群数量及赖以生存的栖息环境。

自然公园：保护重要的自然生态系统、自然遗迹和自然景观，具有生态、观赏、文化和科学价值，可持续利用的区域。自然公园可确保森林、海洋、湿地、水域、冰川、草原、生物等珍贵自然资源，以及所承载的景观、地质地貌和文化多样性得到有效保护。自然公园包括森林公园、地质公园、海洋公园、湿地公园等各类自然公园。

制定自然保护地分类划定标准，对现有的自然保护区、风景名胜区、地质公园、森林公园、海洋公园、湿地公园、冰川公园、草原公园、沙漠公园、草原风景区、水产种质资源保护区、野生植物原生境保护区（点）、自然保护小区、野生动物重要栖息地等各类自然保护地开展综合评价，按照保护区域的自然属性、生态价值和管理目标进行梳理调整和归类，逐步形成以国家公园为主体、自然保护区为基础、各类自然公园为补充的自然保护地分类系统。

1.3.4 我国自然保护地体系现状及问题

1.3.4.1 我国自然保护地体系现状

据不完全统计，我国有自然保护地 10 余类，总数（不含港澳台）超过 12 000 处，总面积超过 200 万 km^2，约占国土面积的 20%；国家级自然保护地 4700 多处，占全国自然保护地总数的 38%。其中，包括国家公园 5 处，总面积约 23 万 km^2；自然保护区 2750 处，总面积147.17 万 km^2，其中陆地面积 142.7 万 km^2，占国土面积的 14.86%；国家森林公园 897 处；国家级风景名胜区244 处；国家地质公园 209 处；国家级湿地公园 901 处；国家级水产种质资源保护区约 523 处；国家沙漠（石漠）公园 128 处；海洋自然保护地 271 处，包括 71 处国家级海洋特别保护区（含 48 处国家级海洋公园）等。

保护地分布首先与自然资源和人口密度的空间布局相关，其次与各省（自治区、直辖市）的国土开发政策相关。总体上看，人口密度低的偏远省份，保护地面积大、数量少，如西藏自治区、青海省、新疆维吾尔自治区等；自然资源丰富、经济相对发达的省份，保护地面积较大、数量较多，如四川省、黑龙江省、云南省等；经济发达、人口稠密的东部地区，保护地数量众多，但面积较小。

为保护生态系统和自然资源，我国建立了自然保护区、风景名胜区、地质公园、森林公园、湿地公园、水利风景区等不同类型的自然保护地，并由不同行政管理部门进行分管。

自然保护区重点保护典型的自然地理区域、有代表性的自然生态系统区域以及已经遭受破坏但经保护能够恢复的同类自然生态系统区域；珍稀、濒危野生动植物物种的天然集中分布区域；具有特殊保护价值的海域、海岸、岛屿、湿地、内陆水域、森林、草原和荒漠；具有重大科学文化价值的地质构造、著名溶洞、化石分布区、冰川、火山、温泉等自然遗迹。风景名胜区是指具有观赏、文化或者科学价值，自然景观、人文景观比较集中，环境优美，可供人们游览或者进行科学、文化活动的区域。地质公园以保护地质遗迹与自然环境、普及地球科学知识、提高公众科学素质、开展旅游活动、促进地方经济与社会可持续发展为主要建设目的。森林公园是指具有一定规模、森林景观优美、自然景观和人文景物集中的区域，可供人们游览、休息或进行科学、文化、教育活动。湿地公园是以保护湿地生态系统、合理利用湿地资源为目的，可供开展湿地保护、恢复、宣传、教育、科研、监测、生态旅游等活动的区域。水利风景区是以水域（水体）或水利工程为依托，具有一定规模和质量的风景资源与环境条件，可以开展观光、娱乐、休闲、度假或科学、文化、教育活动的区域。生态公益林是指生态区位极为重要，或生态状况极为脆弱，对国土生态安全、生物多样性保护和经济社会可持续发展具有重要作用，以提供森林生态和社会服务产品为主要经营目的的重点防护林和特种用途林。我国正在规划生态保护红线，以加强对具有生态系统服务、生物多样性保护价值和生态敏感性高的地区的保护。

1.3.4.2　现有自然保护地存在问题

虽然我国现有自然保护地众多，保护面积较大，但是仍存在如下5个方面的问题。

(1)缺乏保护地总体发展战略与规划，各部门根据自身的职能建设了不同类型的保护地。保护地类型多样，但各类保护地的功能定位交叉，部分典型区域精确度不够、功能分区缺乏统一标准。

(2)单个保护地面积小，保护地“破碎化”“孤岛化”现象严重，未形成合理完整的空间网络，影响保护效果。当前中国自然保护地体系在内部管理上无论是空间规划还是管理主体都存在一定的失序现象。有些保护地被分割成多个独立的地块，彼此之间不仅在空间上缺乏有机联系，甚至存在着多个不同的管理部门，造成保护区土地“孤岛化”以及管理“碎片化”。这些现象直接导致相应的自然保护地生态系统完整性、原真性、特殊性受到破坏，对日常监测保护以及规划管理造成很大的困扰。不同类型保护地管理边界交叉重叠，不同行政部门管理混乱，也严重阻碍了各类保护工作的开展，对生态质量造成负面影响。

(3)不同类型的保护地空间重叠，包括同一区域保护地完全重叠、同一区域内保护地嵌套包含和同一区域保护地相邻。“一地多牌”的保护地等现象普遍，导致多头管理、定位矛盾、管理目标模糊。各类自然保护地体制上依据各自的法规制度由各业务主管部门监管，同时按照属地实行分级管理，没有真正意义上的国家管理，随着管理层级的降低，管理力度和质量随之降低。这也是当前中央部门的管理政策难以得到有效落实的主要原因。

(4)保护地分属林业、农业、住建、环保、水利、海洋等部门管理，缺乏部门与保护地之间的协调机制，导致保护地管理混乱，权责不清。不同地区保护地的地方牵头主管部门不尽相同。在这种情况下，保护地管理交叉、领域冲突频繁，政府层面管理弱化，不能发挥有效的管理职能。

(5)中国许多自然保护地划定时间较早，管理体制不够完善，同时受计划经济影响，“产权”意识淡薄，造成相当一批自然保护地管理机构没有土地权属或存在自然资源权属的历史遗留问题。权属上的不清晰直接导致了保护区在管理和开发上与集体土地管理相冲突的现象时有发生。此外许多违规建设开发，也多发生在保护区内的集体土地上。改革开放以来，中国经济快速发展，各类建设开发对土地的需求日益增加。在建设用地开发过程中，涉及自然保护地的能源、资源、交通等开发建设活动日益增多，保护与开发的矛盾在部分地区一度非常尖锐。

1.4　我国自然保护地体系建设

1.4.1　自然保护地体系的国家顶层设计

为了解决我国自然保护地建设和发展中存在的困难和问题，党和国家开展了一系列顶层设计。

2013 年 11 月，党的十八届三中全会首次将建立国家公园体制作为重点改革任务。

2015 年 9 月，中共中央、国务院印发的《生态文明体制改革总体方案》对建立国家公园体制提出了具体要求。

2017 年 9 月，中共中央办公厅、国务院办公厅印发的《建立国家公园体制总体方案》指出，构建以国家公园为代表的自然保护地体系。

2017 年 10 月，党的十九大报告提出，建立以国家公园为主体的自然保护地体系。

2018 年 3 月，中共中央《深化党和国家机构改革方案》指出，加快建立以国家公园为主体的自然保护地体系。

2019 年 6 月，中共中央办公厅、国务院办公厅印发了《关于建立以国家公园为主体的自然保护地体系的指导意见》，提出要建立分类科学、布局合理、保护有力、管理有效的以国家公园为主体、以自然保护区为基础、以各类自然公园为补充的中国特色自然保护地体系。该指导意见的出台是贯彻落实习近平生态文明思想、统筹山水林田湖草系统治理的具体举措，也是建立以国家公园为主体的自然保护地体系的根本遵循和指引，标志着我国自然保护地进入全面深化改革的新阶段。这有利于系统保护国家生态重要区域和典型自然生态空间，全面保护生物多样性和地质地貌景观多样性，推动山水林田湖草生命共同体的完整保护，为实现经济社会可持续发展奠定生态根基。

2019 年 8 月 19 日，习近平总书记致信祝贺第一届国家公园论坛开幕时强调："中国实行国家公园体制，目的是保持自然生态系统的原真性和完整性，保护生物多样性，保护生态安全屏障，给子孙后代留下珍贵的自然资产。这是中国推进自然生态保护、建设美丽中国、促进人与自然和谐共生的一项重要举措。"

2020 年 12 月 20 日，生态环境部制定了《自然保护地生态环境监管工作暂行办法》，该办法是指导各级生态环境部门履行自然保护地生态环境监管职责的行政规范性文件，初步构建了自然保护地生态环境监管制度体系，明确了自然保护地生态环境监管工作的责任分工、具体内容，规范工作流程和程序，注重结果的应用。

2021 年 10 月 12 日，习近平总书记在《生物多样性公约》第十五次缔约方大会领导人峰会上发表主旨讲话："为加强生物多样性保护，中国正加快构建以国家公园为主体的自然保护地体系，逐步把自然生态系统最重要、自然景观最独特、自然遗产最精华、生物多样性最富集的区域纳入国家公园体系。中国正式设立三江源、大熊猫、东北虎豹、海南热带雨林、武夷山等第一批国家公园，保护面积达 23 万 km^2，涵盖近 30%的陆域国家重点保护野生动植物种类。同时，本着统筹就地保护与迁地保护相结合的原则，启动北京、广州等国家植物园体系建设。"

2022 年 6 月 1 日，国家林业和草原局印发了《国家公园管理暂行办法》。该方法涉及国家公园规划建设、保护管理、公众服务、监督执法等方面，将进一步加强国家公园建设管理，保障国家公园工作平稳有序发展。

2022 年 9 月 9 日，财政部、国家林业和草原局（国家公园管理局）《关于推进国家公园建设若干财政政策的意见》指出，推动建立以国家公园为主体的自然保护地体系财政保障制度。

建立以国家公园为主体的自然保护地体系，是贯彻落实习近平生态文明思想的重大举措，是党的十九大提出的重大改革任务。要以习近平新时代中国特色社会主义思想为指导，完整、准确、全面贯彻新发展理念，坚持山水林田湖草沙一体化保护和系统治理，加强顶层设计，创新财政资金运行机制，构建投入保障到位、资金统筹到位、引导带动到位、绩效管理到位的财政保障制度，为加快建立以国家公园为主体的自然保护地体系、维护国家生态安全、建设生态文明和美丽中国提供有力支撑。

2022年12月29日，国家林业和草原局、财政部、自然资源部、生态环境部联合印发《国家公园空间布局方案》，确定了国家公园建设的发展目标、空间布局、创建设立、主要任务和实施保障等内容。该方案指出，到2025年，基本建立统一规范高效的管理体制；到2035年，基本完成国家公园空间布局建设任务，基本建成全世界最大的国家公园体系。

2023年1月19日发布的《新时代的中国绿色发展》白皮书指出，中国初步建立新型自然保护地体系。中国努力构建以国家公园为主体、自然保护区为基础、各类自然公园为补充的自然保护地体系，逐步把自然生态系统最重要、自然景观最独特、自然遗产最精华、生物多样性最富集的区域纳入国家公园体系。正式设立三江源、大熊猫、东北虎豹、海南热带雨林、武夷山首批5个国家公园，积极稳妥有序推进生态重要区域国家公园创建。截至2021年底，已建立各级各类自然保护地近万处。

1.4.2　自然保护地体系建设的基本原则

建立以国家公园为主体的自然保护地体系，是贯彻习近平生态文明思想的重大举措，是党的十九大提出的重大改革任务。自然保护地是生态建设的核心载体、中华民族的宝贵财富、美丽中国的重要象征，在维护国家生态安全中居于首要地位。建立以国家公园为主体的自然保护地体系，必须以保护自然、服务人民、永续发展为目标。以习近平新时代中国特色社会主义思想为指导，贯彻落实习近平生态文明思想，紧紧围绕统筹推进“五位一体”总体布局和协调推进“四个全面”战略布局，牢固树立新发展理念，加强顶层设计，理顺管理体制，创新运行机制，强化监督管理，完善政策支撑，建立分类科学、布局合理、保护有力、管理有效的以国家公园为主体的自然保护地体系，确保重要自然生态系统、自然遗迹、自然景观和生物多样性得到系统性保护，提升生态产品供给能力，维护国家生态安全，为建设美丽中国、实现中华民族永续发展提供生态支撑。我国的自然保护地体系建设遵循以下原则。

(1)坚持严格保护，世代传承。牢固树立尊重自然、顺应自然、保护自然的生态文明理念，把应该保护的地方都保护起来，做到应保尽保，让当代人享受到大自然的馈赠和天蓝地绿水净、鸟语花香的美好家园，给子孙后代留下宝贵自然遗产。

(2)坚持依法确权，分级管理。按照山水林田湖草是一个生命共同体的理念，改革以部门设置、以资源分类、以行政区划分设的旧体制，整合优化现有各类自然保护地，构建新型分类体系，实施自然保护地统一设置，分级管理、分区管控，实现依法有效保护。

(3)坚持生态为民，科学利用。践行绿水青山就是金山银山理念，探索自然保护和资源利用新模式，发展以生态产业化和产业生态化为主体的生态经济体系，不断满足人民群众对优美生态环境、优良生态产品、优质生态服务的需要。

(4)坚持政府主导,多方参与。突出自然保护地体系建设的社会公益性,发挥政府在自然保护地规划、建设、管理、监督、保护和投入等方面的主体作用。建立健全政府、企业、社会组织和公众参与自然保护的长效机制。

(5)坚持中国特色,国际接轨。立足国情,继承和发扬我国自然保护的探索和创新成果。借鉴国际经验,注重与国际自然保护体系对接,积极参与全球生态治理,共谋全球生态文明建设。

1.4.3 自然保护地体系的科学构建

建成中国特色的以国家公园为主体的自然保护地体系,推动各类自然保护地科学设置,建立自然生态系统保护的新体制新机制新模式,建设健康稳定高效的自然生态系统,为维护国家生态安全和实现经济社会可持续发展筑牢基石,为建设富强民主文明和谐美丽的社会主义现代化强国奠定生态根基。

(1)明确自然保护地功能定位。自然保护地是由各级政府依法划定或确认,对重要的自然生态系统、自然遗迹、自然景观及其所承载的自然资源、生态功能和文化价值实施长期保护的陆域或海域。建立自然保护地的目的是守护自然生态,保育自然资源,保护生物多样性与地质地貌景观多样性,维护自然生态系统健康稳定,提高生态系统服务功能;服务社会,为人民提供优质生态产品,为全社会提供科研、教育、体验、游憩等公共服务;维持人与自然和谐共生并永续发展。要将生态功能重要、生态环境敏感脆弱以及其他有必要严格保护的各类自然保护地纳入生态保护红线管控范围。

(2)确立国家公园主体地位。做好顶层设计,科学合理地确定国家公园的建设数量和规模,在总结国家公园体制试点经验的基础上,制定设立标准和程序,划建国家公园。确立国家公园在维护国家生态安全关键区域中的首要地位,确保国家公园在保护最珍贵、最重要生物多样性集中分布区中的主导地位,确定国家公园保护价值和生态功能在全国自然保护地体系中的主体地位。国家公园建立后,在相同区域一律不再保留或设立其他自然保护地类型。

(3)编制自然保护地规划。落实国家发展规划提出的国土空间开发保护要求,依据国土空间规划,编制自然保护地规划,明确自然保护地发展目标、规模和划定区域,将生态功能重要、生态系统脆弱、自然生态保护空缺的区域规划为重要的自然生态空间,纳入自然保护地体系。

(4)整合交叉重叠的自然保护地。以保持生态系统完整性为原则,遵从保护面积不减少、保护强度不降低、保护性质不改变的总体要求,整合各类自然保护地,解决自然保护地区域交叉、空间重叠的问题,将符合条件的优先整合设立国家公园,其他各类自然保护地按照同级别保护强度优先、不同级别低级别服从高级别的原则进行整合,做到一个保护地、一套机构、一块牌子。

(5)归并优化相邻自然保护地。制定自然保护地整合优化办法,明确整合归并规则,严格报批程序。对同一自然地理单元内相邻、相连的各类自然保护地，打破因行政区划、资源分类造成的条块割裂局面，按照自然生态系统完整、物种栖息地连通、保护管理统一的原则进行合并重组，合理确定归并后的自然保护地类型和功能定位，优化边界范围和功能分区，被归并的自然保护地名称和机构不再保留，解决保护管理分割、保护地破碎和孤岛化问题，实现对自然生态系统的整体保护。在上述整合和归并中，对涉及国际履约的自然保护地，可以暂时保留履行相关国际公约时的名称。

1.4.4　自然保护地体系的管理体制

(1)统一管理自然保护地。理顺现有各类自然保护地管理职能，提出自然保护地设立、晋(降)级、调整和退出规则，制定自然保护地政策、制度和标准规范，实行全过程统一管理。建立统一调查监测体系，建设智慧自然保护地，制定以生态资产和生态服务价值为核心的考核评估指标体系和办法。各地区各部门不得自行设立新的自然保护地类型。

(2)分级行使自然保护地管理职责。结合自然资源资产管理体制改革，构建自然保护地分级管理体制。按照生态系统重要程度，将国家公园等自然保护地分为中央直接管理、中央地方共同管理和地方管理3类，实行分级设立、分级管理。中央直接管理和中央地方共同管理的自然保护地由国家批准设立；地方管理的自然保护地由省级政府批准设立，管理主体由省级政府确定。探索公益治理、社区治理、共同治理等保护方式。

(3)合理调整自然保护地范围并勘界立标。制定自然保护地范围和区划调整办法，依规开展调整工作。制定自然保护地边界勘定方案、确认程序和标识系统，开展自然保护地勘界定标并建立矢量数据库，与生态保护红线衔接，在重要地段、重要部位设立界桩和标识牌。确因技术原因引起的数据、图件与现地不符等问题可以按管理程序一次性纠正。

(4)推进自然资源资产确权登记。进一步完善自然资源统一确权登记办法，每个自然保护地作为独立的登记单元，清晰界定区域内各类自然资源资产的产权主体，划清各类自然资源资产所有权、使用权的边界，明确各类自然资源资产的种类、面积和权属性质，逐步落实自然保护地内全民所有自然资源资产代行主体与权利内容，非全民所有自然资源资产实行协议管理。

(5)实行自然保护地差别化管控。根据各类自然保护地功能定位，既严格保护又便于基层操作，合理分区，实行差别化管控。国家公园和自然保护区实行分区管控，原则上核心保护区内禁止人为活动，一般控制区内限制人为活动。自然公园原则上按一般控制区管理，限制人为活动。结合历史遗留问题处理，分类分区制定管理规范。

1.4.5　自然保护地体系的发展机制

(1)加强自然保护地建设。以自然恢复为主，辅以必要的人工措施，分区分类开展受损自然生态系统修复。建设生态廊道，开展重要栖息地恢复和废弃地修复。加强野外保护站点、巡护路网、监测监控、应急救灾、森林草原防火、有害生物防治和疫源疫病防控等保护管理设施建设，利用高科技手段和现代化设备促进自然保育、巡护和监测的信息化、智能化。

(2)分类有序解决历史遗留问题。对自然保护地进行科学评估,将保护价值低的建制城镇、村屯或人口密集区域、社区民生设施等调整出自然保护地范围。结合精准扶贫、生态扶贫,核心保护区内原住居民应实施有序搬迁,对暂时不能搬迁的,可以设立过渡期,允许开展必要的、基本的生产活动,但不能再扩大发展。依法清理整治探矿采矿、水电开发、工业建设等项目,通过分类处置方式有序退出;根据保护需要,依法依规对自然保护地内的耕地实施退田还林还草还湖还湿。

(3)创新自然资源使用制度。按照标准科学评估自然资源资产价值和资源利用的生态风险,明确自然保护地内自然资源利用方式,规范利用行为,全面实行自然资源有偿使用制度。依法界定各类自然资源资产产权主体的权利和义务,保护原住居民权益,实现各产权主体共建保护地、共享资源收益。制定自然保护地控制区经营性项目特许经营管理办法,建立健全特许经营制度,鼓励原住居民参与特许经营活动,探索自然资源所有者参与特许经营收益分配机制。对划入各类自然保护地内的集体所有土地及其附属资源,按照依法、自愿、有偿的原则,探索通过租赁、置换、赎买、合作等方式维护产权人权益,实现多元化保护。

(4)探索全民共享机制。在保护的前提下,在自然保护地控制区内划定适当区域开展生态教育、自然体验、生态旅游等活动,构建高品质、多样化的生态产品体系。完善公共服务设施,提升公共服务功能。扶持和规范原住居民从事环境友好型经营活动,践行公民生态环境行为规范,支持和传承传统文化及人地和谐的生态产业模式。推行参与式社区管理,按照生态保护需求设立生态管护岗位并优先安排原住居民。建立志愿者服务体系,健全自然保护地社会捐赠制度,激励企业、社会组织和个人参与自然保护地生态保护、建设与发展。

1.4.6 自然保护地的生态环境监督考核

实行最严格的生态环境保护制度,强化自然保护地监测、评估、考核、执法、监督等,形成一整套体系完善、监管有力的监督管理制度。

(1)建立监测体系。建立国家公园等自然保护地生态环境监测制度,制定相关技术标准,建设各类各级自然保护地“天空地一体化”监测网络体系,充分发挥地面生态系统、环境、气象、水文水资源、水土保持、海洋等监测站点和卫星遥感的作用,开展生态环境监测。依托生态环境监管平台和大数据,运用云计算、物联网等信息化手段,加强自然保护地监测数据集成分析和综合应用,全面掌握自然保护地生态系统构成、分布与动态变化,及时评估和预警生态风险,并定期统一发布生态环境状况监测评估报告。对自然保护地内基础设施建设、矿产资源开发等人类活动实施全面监控。

(2)加强评估考核。组织对自然保护地管理进行科学评估,及时掌握各类自然保护地管理和保护成效情况,发布评估结果,适时引入第三方评估制度。对国家公园等各类自然保护地管理进行评价考核,根据实际情况,适时将评价考核结果纳入生态文明建设目标评价考核体系,作为党政领导班子和领导干部综合评价及责任追究、离任审计的重要参考。

(3)严格执法监督。制定自然保护地生态环境监督办法,建立包括相关部门在内的统一执法机制,在自然保护地范围内实行生态环境保护综合执法,制定自然保护地生态环境保护综合执法指导意见。强化监督检查，定期开展"绿盾"自然保护地监督检查专项行动，及时发现涉及自然保护地的违法违规问题。对违反各类自然保护地法律法规等规定，造成自然保护地生态系统和资源环境受到损害的部门、地方、单位和有关责任人员，按照有关法律法规严格追究责任，涉嫌犯罪的移送司法机关处理。建立督查机制，对自然保护地保护不力的责任人和责任单位进行问责，强化地方政府和管理机构的主体责任。

1.5 自然保护地体系规划

1.5.1 自然保护地体系建设的现实问题与规划编制需求

当前，中国自然保护地体制机制的建设改革已经进入重构期，从规划编制需求的视角出发，现阶段自然保护地体系建设面临的主要问题如下。

(1)2017 年 9 月中共中央办公厅、国务院办公厅印发的《建立国家公园体制总体方案》中明确规定"国家公园建立后，在相关区域内一律不再保留或设立其他自然保护地类型"，然而国家公园设立并没有覆盖自然保护地全部类型，不能解决所有自然保护地设置交叉重叠的问题。

自然保护地体系规划正是通过系统性的、专门的规划编制，明确整体处理原则及规则，厘清各类自然保护地的关系诉求，调整多种类型的自然保护地，解决交叉或者重叠的问题。

(2)原有的自然保护区、自然公园等自然保护地类型很多是在"抢救性划建"的思路下以"自愿申报"的方式建立的，现实中许多应该保护的地方还没有纳入保护体系。

我国针对不同形式与类型的自然保护地进行专门的规划编制，各类型的自然保护地规划自成体系，不仅缺乏上位的自然保护地体系的整体统筹，甚至与同级的国土空间总体规划无法对接，导致缺乏明确的管理目标和责任。因此，对自然保护地建设应严格遵循国土空间规划体系的"传导"机制，平衡处理自然资源保护与社会经济发展的问题。规划具有重要公共政策的属性，规划体系是治理体系的保障，所以在国土空间规划体系下，编制系统完整的"自然保护地体系规划"对自然保护地的体制机制的改革至关重要。

1.5.2 国土空间规划体系传导机制下"自然保护地体系规划"的编制要点

"自然保护地规划"是针对单项自然保护地的规划，比如自然公园规划，它不涉及规划统筹与协同各类型自然保护地的关系。而"自然保护地体系规划"是国土空间规划的专项规划，不限于单项的自然保护地类型规划，而是把自然保护地体系中的 3 个类型当作一个整体，秉持系统思维，做出系统性、整体性的规划指导。自然保护地体系规划是整合规划类型，承接国土空间规划体系的"传导"机制。

国土空间规划是国家空间发展的指南、可持续发展的空间蓝图，是各类开发保护建设活动的基本依据。《中共中央　国务院关于建立国土空间规划体系并监督实施的若干意见》(中发〔2019〕18 号)文件确立了要构建覆盖全域、管控全要素的"五级三类四体系"的国土空间规划体系，引导空间规划转向顶层设计的整体、系统、分级分类的体系，并提出了健全规划实施的传导机制。“国家—省—市—县—乡镇”的五级纵向传导体系，自上而下编制，厘清中央和地方事权，建立上下通畅的反馈机制。每一个层级上构建的“总体规划—专项规划—详细规划”组成的三类横向传导体系，对一定区域国土空间开发保护在空间和时间范畴上做出用途管制。

1.5.2.1 全国自然保护地体系规划

从规划层级来看，全国自然保护地体系规划对应全国国土空间总体规划，侧重宏观性和战略性，是全国自然保护地建设和管理的纲领，其重要作用是维护国家生态安全和改善生态环境质量。编制全国自然保护地体系规划时，应该突出“自然保护地作为生态建设的核心载体、中华民族宝贵财富、美丽中国的重要象征”的定位，遵循全国国土空间总体规划明确的自然保护地发展方向及思路，与其中的生态空间相对接，做出全局性统筹安排。全国自然保护地体系规划传导的内容要落实国家对自然保护地体系构建和国家公园体制建设的重大决策部署，指导全国自然保护地的发展和跨区域的协调。构架全国自然保护地体系的空间全局，从国家全局生态战略的角度提出不同区域差别化的自然保护地发展战略。全国自然保护地体系规划中涉及国家公园、国家级自然保护区的编制，并对国家公园、自然保护区、自然公园3类自然保护地的发展目标、布局重点、战略任务进行部署。全国自然保护地体系规划应与生态保护红线衔接，制定有约束性、指导性的自然保护地体系规划。同时，全国自然保护地体系规划也是编制、审批省级自然保护地体系规划的依据，应对省级自然保护地体系规划提出约束性要求和引导性内容。

1.5.2.2 省级自然保护地体系规划

省级自然保护地体系规划在“传导”构架中发挥承上启下、统筹协调的作用。在纵向“传导”层次中，省级自然保护地体系规划立足省内社会、经济、文化的需要，承接全国自然保护地体系规划，对任务进行分解、落实，对下一级的省域内各市级、县级自然保护地体系规划进行指导与约束，侧重协调性；同时，在同级横向“传导层次”中作为省级国土空间规划体系中的专项规划，应该符合并深化省级国土空间总体规划在自然资源、生态系统、遗迹景观等方面保护与利用的内容，细化省级国土空间总体规划中自然保护地体系的目标。

省级自然保护地体系规划的编制应明确本省域的自然保护地的发展总体目标、战略布局，统筹规划省域自然保护地体系的空间格局。以国家公园为主体统领其他各类自然保护地的布局与建设，明确各类自然保护地分布、范围、规模和名称。省级自然保护地体系规划中的国家公园应包括在全国自然保护地体系规划中已经划定的国家公园以及在省级层面补充推选出的国家公园。协调处理区域中各县(市、区)、各类自然保护地发展的矛盾与问题，同时与周边省(自治区、直辖市)的自然保护地的发展相协调，解决区域中边界重合、权属不清的问题。此外，对市级、县级自然保护地体系规划的编制提出指导约束要求。

1.5.2.3 市级、县级自然保护地体系规划

市级、县级自然保护地体系规划对市级、县级国土空间总体规划中自然生态空间建设的内容进一步细化，并做出了具体部署，并特别提出应充分考虑地方特点并侧重传导性与实施性。

在纵向“传导”层面，以全国自然保护地体系规划为指导，以省级自然保护地体系规划为依据，细化、量化省级自然保护地体系规划中的规划任务，对市域、县域内的各类自然保护地的分布、数目、规模、发展目标及时间安排、保障措施等进行精细化、量化规划布局，对市域、县域内主要的自然公园的保护与利用进行精细化规划。在横向“传导”层面，落实市级、县级国土空间总体规划中对县(市、区)自然资源、生态系统、重要野生生物、重要地质遗迹等的保护利用要求，遵照省级主管部门要求进行自然保护地建设，强调可操作性、实施性。

“自然保护地体系规划”思路遵循国土空间规划体系的传导意旨，在全面的治理体系下，深化强化自然资源和生态环境保护领域的内容，保障自然保护地体系建设有序推进，推动国土空间治理。

习题与思考题

1. 自然保护地的定义是什么?

2. 海外自然保护地体系带给我们哪些启发?

3. 我国自然保护地体系的现状是什么?

4. 我国建立自然保护地体系的基本原则有哪些?

5. “自然保护地体系规划”的编制要点是什么?

2 自然保护地的体系分类

由于各个自然保护地之间的景观特征、资源特征不尽相同,保护的侧重点各有区别,占地规模不一,土地权属错综复杂,财政事权也不尽相同。因此对自然保护地不能采取粗放、简单、“一刀切”的政策,要根据保护地的特征,构建合理的自然保护地体系,并分别制定不同类型自然保护地管理政策,进行差异化、精细化、科学化管理。

2.1 中国自然保护地体系分类

自然保护地分类是自然保护地管理体制建设的重要依据,也是保护地有效管理和信息交流的基础。按照自然生态系统原真性、整体性、系统性及其内在规律,依据管理目标与效能,借鉴国际经验,将自然保护地按生态价值和保护强度高低依次分为3类。

2.1.1 自然保护地体系的类型

2.1.1.1 国家公园

国家公园是人类文明发展到一定阶段后的产物,它的出现推动了自然保护事业的兴起和发展,其理念和发展模式已成为世界上自然保护的一种重要形式,不仅创造了人类社会保护自然生态环境的新形式,也引发了世界性的自然保护运动。

国家公园和自然保护地实践从美国1个国家发展到世界上近200个国家和地区,从“国家公园”单一概念发展成为“自然保护地体系”,并产生了“世界自然和文化遗产地”“人与生物圈保护区”“国际重要湿地”“世界地质公园”等自然保护领域的系列概念。国家公园的概念本身也从公民风景权益和朴素的生物保护扩展到生态系统、生态过程和生物多样性的保护。

国家公园是我国最重要的自然保护地类型,是自然保护地体系的主体,与其他自然保护地类型相比其主体地位主要体现在生态价值更高、保护范围更大、管理层级更高等方面。国家公园的概念源于美国,1832年一位名叫乔治·卡特琳的艺术家在旅行中目睹了美国西部大开发对本土的印第安文明与野生动植物的破坏。乔治·卡特琳提出了一个设想:“它们可以被保护起来,只要政府通过一些保护政策设立一个国家公园,其中有人也有野兽,所有的一切都处于原生状态,体现着自然之美。”之后,这一术语即被全世界许多国家使用,尽管各自的确切含义不尽相同,但基本意思都是指自然保护地的一种形式。

2.1.1.2 自然保护区

自然保护区有广义与狭义之分,广义的自然保护区是指受国家法律特殊保护的各种自然区域的总称,不仅包括自然保护区本身,而且包括国家公园、风景名胜区、自然遗迹地等。狭义的自然保护区是指以保护特殊生态系统进行科学研究为主要目的而划定的自然保护区,即严格意义的自然保护区。自然保护区是我国自然保护地体系的基础,国家公园的设立主要是在现有自然保护区的基础上进行整合,许多符合条件的自然保护区要通过整合转为国家公园。此外,在一些不能转为国家公园的地方,自然保护区也要作为整合的基础,森林公园、湿地公园等都要以自然保护区为基础,把交叉、重叠的区域以自然保护区为核心进行整合,自然保护区起到一个基础支撑的作用。

至2017年底,中国已建立各类各级自然保护区2750处,总面积147.17万 km^2,其中陆域面积142.7万 km^2,占陆域国土面积的14.86%,国家级自然保护区474处,面积为97.45万 km^2。中国是全世界自然保护区面积最大的国家之一,基本形成了类型比较齐全、布局基本合理、功能相对完善的自然保护区网络。

2.1.1.3 自然公园

自然公园是我国自然保护地体系的补充,主要包括不符合国家公园和自然保护区设立条件的自然保护地,其保护强度、生态价值、管理层级低于国家公园与自然保护区。在进行有效保护的同时还可以进行旅游资源开发,为民众提供游憩娱乐与科普教育的场所,达到资源的可持续利用。

自然公园主要保护自然资源与自然遗产,包括森林、草地、湿地、海洋等自然生态系统与自然景观,以及具有特殊地质意义和重大科学价值的自然遗迹,为人们提供亲近自然、认识自然的场所,同时为保护生物多样性和区域生态安全作出贡献。

2.1.2 自然保护地体系分类的原则

为解决我国自然保护地管理体系缺失、功能定位不明确的问题,以国家公园体制建设为契机,根据我国现有的保护地实际情况,参考IUCN保护地管理体系分类,对我国各类自然保护地的保护目标与管理要求进行了梳理和分析,并根据以下5个原则构建我国保护地体系分类。

(1)保护优先,应保尽保。在现有自然保护地的基础上,经过科学评估后,将尚未纳入自然保护地但生态功能极重要、生态环境极敏感脆弱以及其他具有重要生态功能、重要生态价值、有必要实施严格保护的区域,划入周边自然保护地或设立新的保护地,做到保护优先,应保尽保。对人类活动高度敏感的保护对象施行严格保护,如建立濒危动植物物种栖息地;对包括旅游、生物资源利用在内的人类活动敏感、保护要求高的区域应建设自然保护区。

(2)概念清晰避免交叉。不同自然资源类型,需要实行不同的管理政策与方式,类型之间应避免交叉和重叠,界限明确。同时,划分的类型应适用于我国已建的各类自然保护地。对涉及自然资源类型多样的保护地，可设置二级分类，如在自然保护区类别中，可保留现有的二级分类，即自然生态系统保护区、野生生物保护区、自然遗迹保护区；在自然公园类别中，可保留森林公园、湿地公园、草原公园、沙漠公园、海洋公园、地质公园、风景名胜区、水利风景区等类别。

(3)基于现有保护地的类型。充分继承已有保护地建设成果，尊重现有保护地体系，明晰各类保护地功能定位和保护目标，并将保护目标相近的归为同类。我国自然保护地体系的建设背景与其他国家不同，是在已经建立的上万个自然保护地的基础上开始建设的。新的分类必须考虑到我国自然保护地管理的既有现状，并且与现有自然保护地体系的优化完善相结合，既不能"另起炉灶"，同时又需要与"国际接轨"。新的自然保护地体系应有利于与原有类型的衔接，原有类型能够比较容易地整合或归并至新分类体系中，如将水源地保护区、土壤保持重点区、生态公益林一级区等以保护生态功能为主的保护地归类为生态功能保护区。

(4)整体性保护。构建保护地体系中，将具有相同或相似保护严格程度的保护地类型归为同类，将资源利用方式相似的保护地类型归为同类。坚持山水林田湖草沙作为一个生命共同体，按照自然生态系统整体性、系统性及其内在规律，实行整体保护，统筹考虑保护与利用，科学确定各类自然保护地功能定位，为建立自然保护地体系提供依据，如森林公园、湿地公园、地质公园、风景名胜区等以保护和利用自然景观为基础，为人们提供游憩场所的保护地归并为自然公园。

(5)与国际保护地体系分类相衔接。国外的自然保护地建设要比中国早很多年，有许多成功的案例值得借鉴。为了便于国际保护地的统计与交流，在我国现有保护地体系的基础上，尽可能与国际保护地体系分类衔接。借鉴其他国家的保护地分类方法，系统分析和比较IUCN保护地体系分类与我国现有各类保护地的保护目标与功能定位，建立我国自然保护地体系分类。

2.1.3 自然保护地体系分类的方法

世界各国虽然陆续建立了各种各样的自然保护地，但是对自然保护地的解释各不相同。IUCN 自然保护地体系分类系统发布于 1994 年，该分类系统获得了联合国和许多国家政府的认可，已成为定义和记录保护区的国际标准。IUCN 自然保护地体系中保护地分为 7 种类型，按照保护地管理的严格程度可以划分为三大类：第Ⅰ类、第Ⅱ类、第Ⅲ类、第Ⅳ类作为严格保护地，其中第Ⅰa 类和第Ⅰb 类又可称为最严格的保护地类型；第Ⅴ、Ⅵ类两个类型属于较低严格保护地。IUCN 对各类保护地的定义、特征、管理目标及措施都有较为详尽的介绍，其划分标准见表 2.1。

第Ⅰa 类为严格自然保护地，是指受到严格保护的原始自然区域。首要目标是保护具有区域、国家或全球重要意义的生态系统、物种（一个或多个物种）和地质多样性。需要采取最严格的保护措施禁止人类活动和资源利用，以确保其保护价值不受影响。第Ⅰa 类严格自然保护地在科学研究和监测中发挥着不可替代的作用。

表 2.1　IUCN 自然保护地管理类型分类表

类型	名称	面积大小	说明
Ⅰa	严格自然保护地	通常较小	受到严格保护的区域，主要是为了保护具有区域、国家或全球重要意义的生态系统、物种（一个或多个物种）和地质多样性
Ⅰb	荒野保护地	通常较大	受到严格保护的大部分保留原貌或仅有些微小变动的自然区域。保存自然区域长期的生态完整性
Ⅱ	国家公园	通常较大	大面积的自然或接近自然的区域。保护大尺度的生态过程，以及相关的物种和生态系统特性
Ⅲ	自然文化遗迹或地貌	通常较小	保护杰出的自然特征和相关的生物多样性及栖息地，可以是地形地貌、海山、海底洞穴，也可以是洞穴，甚至可以是古老的小树林
Ⅳ	栖息地/物种管理区	通常较小	维护、保护和修复物种种群和栖息地，需要积极的干预工作来满足某种物种或维持栖息地的需要
Ⅴ	陆地景观/海洋景观自然保护地	通常较大	人类和自然长期相处所产生的特点鲜明的区域，具有重要的生态、生物、文化和景观价值
Ⅵ	自然资源可持续利用自然保护地	通常较大	为了保护生态系统和栖息地、文化价值和传统自然资源管理系统所划定的区域，面积较大且大部分处于自然状态。保护自然生态系统，实现自然资源的非工业化可持续利用，实现自然保护和自然资源可持续利用双赢

第Ⅰb类为荒野保护地，是指受到严格保护的大部分保留原貌或仅有些微小变动的自然区域。首要目标是保护自然区域长期的生态完整性。特征是面积较大、没有现代化基础设施、开发和工业开采等活动，保持高度的完整性，包括保留生态系统的大部分原始状态、完整或几乎完整的自然植物和动物群落，保存了其自然特征，未受人类活动的明显影响，有些只有原住民和本地社区居民在区内定居。

第Ⅱ类为国家公园。首要目标是保护大尺度的生态过程，以及相关的物种和生态系统特性。典型特征是面积较大，具有独特的、拥有国家象征意义和民族自豪感的生物和环境特征或者自然美景和文化特征。始终把自然保护放在首位，在严格保护的前提下有限制地利用，允许在限定的区域内开展科学研究、环境教育和旅游参观。保护在较小面积的自然保护地或文化景观内无法实现的大尺度生态过程以及需要较大活动范围的特定物种或群落。同时，这类自然保护地具有很强的公益性，为公众提供了环境和文化兼容的精神享受、科研、教育、娱乐和参观的机会。

第Ⅲ类为自然文化遗迹或地貌。这些区域一般面积较小,但通常具有较高的观赏价值。首要目标是保护杰出的自然特征和相关的生物多样性及栖息地。主要关注点是一个或多个独特的自然特征以及相关的生态,而不是更广泛的生态系统。在严格保护这些自然文化遗迹的前提下可以开展科研、教育和旅游参观。

第Ⅳ类为栖息地/物种管理区。首要目标是维持、保护和恢复物种种群和栖息地。主要特征是保护或恢复全球、国家或当地重要的动植物种类及其栖息地,自然程度较上述几种类型相对较低。此类自然保护地大小各异,但通常面积都比较小。主要作用是保护需要进行特别管理干预才能生存的濒危物种种群,保护稀有或受威胁、碎片化的栖息地,保护物种停歇地和繁殖地、自然保护地之间的走廊带,维护原有栖息地已经消失或者改变、只能依赖文化景观生存的物种。多数情况下需要进行经常性的、积极的干预,以满足特定物种的生存需要。

第Ⅴ类为陆地景观/海洋景观自然保护地,具有重要的生态、生物、文化和风景价值。首要目标是保护和维持重要的陆地和海洋景观及其相关的自然保护价值,以及通过与人互动而产生的其他价值。这是所有自然保护地类型中自然程度最低的一种保护地类型。这类保护地的作用是作为一个或多个自然保护地的缓冲地带和连通地带,保护受人类开发利用影响而发生变化的物种或栖息地。

第Ⅵ类为自然资源可持续利用自然保护地。首要目标是保护自然生态系统,实现自然资源的非工业化可持续利用,实现自然保护和自然资源可持续利用双赢。这类保护地的特征是把自然资源的可持续利用作为实现自然保护目标的手段,并且与其他类型自然保护地通用的保护方法相结合。这类自然保护地通常面积相对较大,大部分区域(2/3以上)处于自然状态,其中一小部分处于可持续自然资源管理利用状态。

2.2 中国自然保护地体系与IUCN分类体系之间的差异及启示

2.2.1 中国自然保护地体系与IUCN分类体系之间的差异

2.2.1.1 分类方式的差异

(1)资源导向与管理导向。以自然资源的特征来确定保护地的类型是过去我国一直坚持的主要导向,如森林公园、地质公园、湿地公园、风景名胜区等,相同类型的保护地均具有多个层次的保护区划,且不同层次的区划具有不同的管理目标与管理要求。目前我国正在建设的自然保护地体系将保护地重新整合划分成了国家公园、自然保护区、自然公园3类,已跳出了原有的单一资源特征的分类框架,增加了生态价值与管理目标的归类条件。但整体来看,3类自然保护地并没有相对独立的管理目标,仍然相对趋同。而IUCN的自然保护地分类是以管理目标为核心导向的,同一种自然资源类型依据管理目标与保护对象的不同而划分为完全不同的保护地类型。确定一个自然保护地类型首先要确定其首要管理目标，IUCN分类中共有8个管理目标，保护地性质定位与发展方向从保护地建立开始就已经明确，并制定出较为统一的政策与管理措施。在实际操作过程中，虽然也会遇到部分保护地内部需要划分相应分区的情况，但保护地管理的整体目标与宗旨基本是一致的，并且按照“75%”原则来兼容其他的辅助目标、功能与利用方式，即一处自然保护地的管理与保护目标应至少适用于自然保护地面积的75%。

(2)对文化景观的兼容与否。我国自然保护地体系的侧重点主要集中于“自然属性”上，新增的“自然公园”也仅包括森林公园、地质公园、海洋公园、湿地公园等以自然资源特征为主的类型。但我国很多保护地都兼具自然与人文特征，特别是在我国的一些风景名胜区中，存在着诸多如泰山、五台山等“历史文化景观”类型，这些概念模糊的保护地在现有体系内难以归类。而IUCN分类体系中第Ⅲ类自然保护地为自然历史遗迹或地貌，包括自然地质地貌特征、具有历史文化意义的自然景观(如古代洞穴、古栈道、神圣的树林、山泉、瀑布等)、具有生态价值的文化遗址。IUCN分类体系中第Ⅲ类保护地不仅包括了自然属性的保护地，还兼容了具有部分文化属性的保护地。

2.2.1.2 管理模式上的差异

(1)综合管理与精准管理。我国的自然保护地体系实行综合管理的模式，发展目标和管理区划与国际体系相比是多元的。各类保护地之间有以下两方面的共同之处：①自然属性上都以自然景观、自然生态系统、野生动植物及有关附属系统为载体或介质；②功能属性上都具有游憩、休闲功能，都可以开展科学、文化、宣传和教育活动。而IUCN的保护地类型彼此间差异较大、概念清晰且各自都有较为明确的管理目标。以自然保护区为例，我国新体系下的自然保护区集合了原有自然保护区和生物栖息地的概念。这一概念在IUCN体系中可能会对应到第Ⅰa、Ⅰb、Ⅳ、Ⅴ、Ⅵ类5种类型，并且每一种类型的空间范围、保护对象、管理目标都各有不同。这种差异在空间结构中更为明显，我国的自然保护地通常具有一种“洋葱”式的圈层结构，由多个不同层级的管理分区共同构成一个综合系统。而在IUCN体系下，会将“洋葱”的每一层单独列为一个保护地类型，分类进行管理。IUCN体系的精准管理模式有利于针对不同的保护地类型制定统一的管理要求，我国的综合管理模式则对保护地管理单位的治理能力提出了更高要求，需要对每一类保护地提出更具体的管理细则与指南。

(2)保护与利用的程度不同。我国3类自然保护地均属于禁止开发区，须纳入全国生态保护红线区域管控范围，实行最严格的保护。其中，国家公园与自然保护区都属于保护等级高的自然保护地类型，均需划定核心保护区，核心保护区内禁止人为活动；自然公园按照一般控制区要求，其内限制人为活动。即便在一般控制区，也仅允许开展不破坏生态功能的适度参观旅游和必要的公共设施建设。总体来看，我国自然保护地重点强调“保护”，而“利用”处于从属的地位，但这样产生了一些潜在问题。一是自然保护地体系分类少、差别小，目前仅有3种类型，国家公园与自然保护区在管理方式上相对趋同，在保护利用方面差别也很小，没有充分发挥国家公园作为我国“自然景观最独特、自然遗产最精华”的区域理应承担的旅游与休闲功能;二是“无人区”范围大、管理难度大,国家公园与自然保护区的核心区要求相同,一般控制区限制较多,这势必造成极大的运营和管理困难,对保护工作造成严重影响。而IUCN的保护地类型具有不同的保护与利用要求,其中完全禁止人为活动的只有第Ⅰa类,但此类保护地面积通常较小,且须经过严格评估后方可设立。第Ⅰb类荒野保护地允许人类以步行方式进入,享受与自然独处和放松的机会,但不允许现代化设施和开发活动。而从第Ⅱ类国家公园开始,就更加强调生态保护与可持续利用的并重,其中,IUCN体系中的国家公园鼓励通过开展旅游对当地经济发展做出贡献,且允许利用不超过25%的空间,建设各类服务设施、度假设施和宿营地;第Ⅲ、Ⅳ类均允许公众进入,并提供接触和教育的机会;第Ⅴ、Ⅵ类更是将自然资源可持续利用作为主要目标。相比之下,IUCN分类体系更加强调科学性、目标性与可持续发展。

2.2.1.3 覆盖范围的差异

生态功能区是我国既有的一种自然保护地类型,是在涵养水源、保持水土、调蓄洪水、防风固沙、保护生物多样性等方面具有重要作用的重要生态区域内,划定一定面积予以重点保护和限制开发建设的区域,属主体功能区划中的限制开发区。其中,重点区域为国家重点生态功能区,我国第一批国家重点生态功能区划定了大小兴安岭森林生态功能区、呼伦贝尔草原草甸生态功能区、秦巴生物多样性生态功能区等25个生态功能区,涉及676个县级行政区,覆盖的国土面积比例已达53%。但是从类型上来看,我国自然保护地体系属于主体功能区划中的禁止开发区,而国家重点生态功能区属于限制开发区,因此国家重点生态功能区无法归入现有自然保护地体系。而IUCN的第Ⅴ类陆地景观/海洋景观保护区是保护具有环境与文化价值、人与自然直接相互作用的地区,第Ⅵ类的首要目标是实现自然资源的可持续利用。两者均强调了人与自然相互作用的特点,且同样属于较低严格保护区的类型,与我国限制开发区管理较为接近。按照IUCN体系,我国生态功能区可以归属为第Ⅴ类或多个第Ⅴ类的组合。IUCN体系中既包括了禁止开发区,又包含了限制开发区,并且第Ⅴ、Ⅵ类这两种限制类保护地无论是数量还是面积均占据重要地位,并被视为维护和促进可持续自然资源利用的有效手段和全新思路。

2.2.2 IUCN分类体系对中国自然保护地体系建设的启示

分类标准与管理细则可进一步细化,适当丰富类型。目前我国自然保护地体系建设仅有指导意见,不足以具体指导各类既有自然保护地的评估与分类。特别是我国的各类自然保护地都相对综合,仅用一套标准来控制与引导各类保护地的建设与管理难以实现科学性。从国际经验来看,IUCN分类体系针对自然保护地体系编制了较为详细的管理分类应用指南,对于较复杂的类型还分别编制了实践指南手册,有效地指导了各类自然保护地的管理工作。我国自然保护地体系可进一步细化完善管理要求,逐步形成意见、方案、标准、指南、导则等一系列技术支撑文件。此外,目前保护地仅有3个类型,在实际应用中易出现手段少、区别小、概念交叠、涵盖不全等问题。与国际体系相比,我国自然保护地体系的精准度与丰富度尚显不足，可充分考虑在现有基础上逐步增加分类或细化类别，以构建更为清晰、精准、适用的分类体系。

资源导向与管理导向结合，提升自然保护地治理能力。IUCN 的分类方式是在自然保护地建立之初就确定其管理的主要目标及方向，且不能随意调整与变更。这虽然对保护地管理机构提出了较高的要求，但也是提升自然保护地治理能力的重要方向。我国自然保护地体系已经跳出了原有单一资源导向的分类方式，可进一步强化 3 类保护地在管理目标、管理措施与发展方式等层面的差异性。在既有自然保护地的分类过程中，管理部门一方面要考虑自身的资源属性特征，同时应结合保护地的管理目标，评估保护地的管理能力和未来的发展方向，选择适宜的保护地类型，变被动保护为主动管理，提升自然保护地的综合治理能力。

科学保护与可持续利用并重。自然保护地既是人类和其他生物生存的生态环境本底，也是人类亲近自然、享受自然的重要资源基础。从国际视角来看，自然保护地兼具保护与利用功能，只是根据不同的类型体现出不同的管理模式与程度。我国国家公园、自然公园等保护地的管理方式应与国际接轨，实现科学保护与合理利用并重，在保障生态功能与生态价值的前提下，不断满足人民群众对优美生态环境、优良生态产品、优质生态服务的需要。同时，可将单一的强调严格保护的“禁止开发区”转变为“禁止开发与限制开发”兼备的保护地体系。对于我国国家重点生态功能区等可持续利用型的自然保护地，应考虑增加相关类型，进而接轨全球自然生态系统保护网络。

拓展“自然与文化公园”，涵盖文化景观保护地类型。中华文化“天人合一”的思想造就了我国保护地“自然与人文”兼具的特点，这也是中国自然保护地的独特之处。我国的风景名胜区，荟萃了自然之美和人文之胜，有大量的文化景观类型，但在目前的分类体系中，这些“文化属性”突出的自然保护地较难归类，而面向国家公园、自然公园和自然保护区的要求也不适用于这些保护地的管理。因此，我国可借鉴 IUCN 第Ⅲ类保护地“自然历史遗迹或地貌”的方式，将现有保护地体系中的“自然公园”拓展为“自然与文化公园”，使其成为涵盖自然特征、文化特征以及文化景观特征的保护地类型，进一步丰富完善具有中国特色的自然保护地体系架构。

2.3 国外自然保护地体系

为了增加生物多样性和自然资源就地保护的有效性，经过上百年的努力，世界各国根据自身的国情陆续建立了不同类型的自然保护地，形成了各具特色的自然保护地体系。

2.3.1 美国自然保护地体系

美国是世界上自然保护地体系最为完善的国家之一，在 1832 年提出国家公园的概念后自然保护地体系开始逐步形成，到目前为止已经经历了 200 多年的发展。美国自然保护地按管理层次可以分为联邦自然保护地、州立自然保护地和地方自然保护地 3 个层次;按照管理类型和管理机构可以分为 7 类,次级国家部委或机构(即州、市、县等政府组成机构)管理的保护地最多,占所有保护地的 41.6%,其他管理类型和模式分别为联邦机构、非营利组织、合作管理、个体地主、联合管理以及管理模式不详的保护地。各种保护地的类型加起来有 607 类,保护地数量共 3 万余个。其中最重要的保护地类型包括国家公园、国家荒野保护区、国家野生动物庇护区、国家原野及风景河流区、国家自然地标、自然研究区、国家保护区、国家步道系统等10 余类。对照 IUCN 分类体系来看,美国约有 28 000 个保护地属于第Ⅴ类,占保护地总量的 80%,数量最多。美国可以划分为严格保护地第Ⅰa 类与第Ⅰb 类的数量共有 1900 个左右,占总数的 5.6%。缺乏统计数据或不适用于 IUCN 体系分类的保护地占总数的 2%。

美国国家公园共有 60 个,按照 IUCN 分类标准,2 个为第Ⅰb 类,39 个为第Ⅱ类,1 个为第Ⅲ类,18 个为第Ⅴ类。管理方式主要为合作管理,其中,48 个由美国国家公园服务局(NPS)与地方政府机构合作管理,8 个由 NPS 直接负责管理,2 个由非政府组织管理,1 个由 NPS 与非政府组织合作管理,1 个由地方政府机构管理。美国荒野类的保护地有 12 种类型,共 700 余个,总面积 44 万 km^2,占国土总面积的 4.5%。该类保护地超过一半以上归联邦机构管理,其余的由非政府组织、地方政府机构以及联邦机构与地方机构合作管理。涉及的野生动物保护地共有 25 种类型,其中作用最为突出的是国家野生动物庇护区。1956 年,《国家野生动物庇护系统管理法案》立法通过,该法案建立的目的与管理目标是恢复鱼类、野生动物及其栖息地、植被资源并管理国家的水路网等,所有的庇护区均由美国鱼类及野生动植物管理局管理。森林类型的保护地共有 5 类,共 200 余个,分别为森林保护地、森林经营区、森林保存区、森林储备区、国家森林保护区,多数归地方政府机构管理。海洋类的保护地有 10 类,共 60 余个,包括码头保护地、海洋生物保存地、海洋保护区、海洋公园、海洋森林、海洋储备区等。美国的海洋保护地体系根据 2000 年 5 月出台的总统行政命令建立,该行政命令指定美国商务部和内政部牵头,与多个联邦机构合作,并联合州、领土、部落和公众一起发展一个基于科学的、可理解的国家系统。涉及湿地类的保护地有6 类,共 170 余个,具体包括保存湿地群、湿地群银行、大型保存湿地、保存湿地、湿地缓解银行、湿地保护地,均由地方政府机构管理。涉及步道类的保护地有 5 类,共 1400 余个,其中主要为保护地,具体包括步道群、步道走廊以及最重要的国家步道系统,步道多由国会制定,横跨若干州,风景怡人。国家原野及风景河流区按照河流类型的不同还可分为原野河流、风景河流、游憩河流,该类保护地主要由农业部林务局和国家公园服务局等联邦机构管理。上述都是美国具有代表性的自然保护地类型。美国国土面积辽阔,保护地保护范围广、类型多,基本上实现了对森林、湿地、土地、河流、海洋、野生动植物、公园、原野、地标、步道等的保护全覆盖,保证了生态系统的完整性。

2.3.2 加拿大自然保护地体系

加拿大的自然保护地体系历史悠久,与美国相同,国家公园在加拿大自然保护体系中属于主导地位。1885年设立的班夫国家公园加拿大第一个国家公园。1911年加拿大设立了国家公园管理机构，成为世界上第一个设立专门管理国家公园政府机构的国家，开创了国家公园管理体制的先河。加拿大自然保护地管理形式多样，国家公园遴选机制得到了IUCN的高度认可和大力推崇，保护地生态完整性监测活动处于国际领先水平。加拿大自然保护地分布在加拿大31个生态区中，管理模式主要包括政府管理、共同管理、私人管理、土著社区管理4种类型。所有自然保护地的类型可以概括为两大类型：一是符合IUCN定义标准的保护地，又统称为保护区，主要包括国家公园、省级公园、海岸公园、候鸟保护区、野生动物保护区、生态保护区、自然保护区、生物多样性保护区、荒野保护区、海洋保护区等；二是不符合IUCN定义但以保护生物多样性为目的的特殊管理地区，主要包括为保护土著文化而规划的土著保留区、为保护海洋生物多样性而长期关闭的渔场等海洋庇护所。

加拿大生态区由18个陆地生态区、12个海洋生态区和1个淡水生态区构成。加拿大生态区是具有独特或典型的气候、植被等生态特征的区域。目前，加拿大自然保护地体系已经覆盖了所有31个生态区。受保护的陆地或海洋面积因生态区而异，一般来说，陆地生态区比海洋生态区受到的保护更多。加拿大陆地保护地约为111万km^2，占陆地总面积的11%，且每年都在增长。加拿大每个省区都有一定面积的保护地，但各省区陆地保护区面积占该省区面积的比例差异较大。一般来说，加拿大北部各省区的陆地保护区面积较大，而南部各省区的单个保护区面积较小，但数量众多。这些陆地保护区主要由联邦政府和省级政府管理，省级和地方政府管理着57%以上的陆地保护区，加拿大公园管理局和加拿大环境与气候变化部分别管理30%和11%的陆地保护区。加拿大海洋保护地的面积约为45万km^2，类型主要包括海洋保护区、国家海洋公园以及在海洋上建立的国家野生动物保护区与候鸟保护区等。加拿大渔业与海洋部、加拿大公园管理局、加拿大环境与气候变化部是主要的海洋保护地管理机构。不同类型的保护地有不同的保护对象与管理目标，例如海洋保护区是为了保护海洋物种及其栖息地。国家海洋公园保护区是为了保护加拿大海洋自然和文化遗产，并为公众提供受教育的机会。加拿大环境与气候变化部在海洋上建立的国家野生动物保护区和候鸟保护区是为了保护包括候鸟和濒危物种在内的各种野生动物的栖息地。

2.3.3 英国自然保护地体系

英国作为西欧的一个岛国，主要由英格兰、苏格兰、威尔士、北爱尔兰四大部分以及一系列附属岛屿组成。英国的国土面积虽然不大但海岸线极长，具有冰川、河谷、高山到平原等多种地貌类型。英国是最早一批实现工业化的国家之一，人类的生产活动对生态环境的影响较大。随着社会经济的发展，为了保持良好的生态环境，英国非常注重自然环境保护。

英国每一地区都有自己的立法机构，独立性较强，所以自然保护地的划分较复杂，保护地共有36种类型，主要包括国家公园、国家风景区、自然遗产区、自然风景名胜区、遗产海岸、环境敏感区、特殊科学意义区、国家自然保护区等。按照管理层次的不同还可以分为国际层面保护区类别、欧洲层面保护区类别、国家层面保护区类别以及联合王国成员国保护区类别。每个地区都有独立的自然保护地管理机构，在建立自然保护地时会出现命名不同但功能定位、管理目标相同的情况，例如位于苏格兰的国家风景区的功能定位与英格兰的国家公园和威尔士的自然风景名胜区相似。英国的国家公园并非都是荒无人烟的自然地区，国家公园内人类活动的痕迹丰富，大部分地貌景观是农民、牧民世代开垦、经营管理的杰作，至今这些土地仍有大部分归他们所有。遗产海岸是英国特有的一种自然保护地类型，是官方授予英国某些海岸地段的荣誉称号，其中包括了沼泽、沙丘、盐碱地、海滨悬崖在内的各类海岸，它们的共同特点是风景优美，具有原始生态。遗产海岸线长度不一，长者达数十千米，短者只有几千米，但其总长度占据了英格兰和威尔士海岸线的1/3。建立遗产海岸的目的首先是保护海岸脆弱的生态环境不遭受破坏，其次是在人们对生态不造成危害的情况下允许观光旅游，给人们一个特殊的娱乐空间。

2.3.4 德国自然保护地体系

德国的《联邦自然保护法》最初于1976年实施，是德国关于自然保护方面最高的且最根本的法律。“自然保护”的内涵包括以下3个方面：①生物多样性；②生态系统效率与功能性，包括自然资产的再生性与可持续利用性；③自然与风景的多样性、独特性、美学与游憩价值。德国的《联邦自然保护法》将保护地分为11类，包括自然保护地、国家公园、国家自然纪念物、生物圈保护区、风景保护地、自然公园、自然文物、被保护的风景组分、被法律保护的群落生境、动植物栖息地、鸟类保护地。上述保护地中的自然公园的历史可以追溯到1906年。自然保护地则根据《普鲁士田地与林业警察法》于1920年始创。被保护的风景组分源自1935年的《帝国自然保护法》中的第5条“特别的风景部分”。生物圈保护区则是为了与国际接轨，最早创建于1976年。德国的保护地体系并不是一蹴而就的，各个时期的保护地名称、法律效应等均传承保留至今。德国各类不同尺度的保护地通过《联邦自然保护法》进行统筹，并实行分级管理，其核心目标在于自然保护。现有的11类保护地中，动植物栖息地与鸟类保护地基于欧盟层面；而国家公园、生物圈保护区、自然公园属于大尺度的保护地，统称为国家自然风景；地方层面的自然保护地、风景保护地规模中等，但是分布更为广泛；国家自然纪念物和自然文物体现出不同层面对小尺度保护地的重视；另外，被保护的风景组分、被法律保护的群落生境都体现出对环境重要节点的重视。尽管这11类保护地的设立标准因保护原因及特征要求的差异而各不相同，且许多地块兼顾两种或两种以上保护地的特征，但是它们的确立均出于《联邦自然保护法》的总框架之下，以自然保护为总目标。《联邦自然保护法》作为自然保护方面的联邦法律，为保护地设立统一了标准，明确了保护原因、特征要求和利用强度。德国保护地体系的形成经过了历史积累，而《联邦自然保护法》对自然保护的目标进行内涵解读，并细化各类保护地所能肩负的保护任务，从而有效地对各类保护地进行统筹管理。

习题与思考题

1. 简述为什么要对自然保护地进行分类。
2. 简述我国自然保护地体系存在的问题。
3. 自然保护地划分的原则是什么？
4. IUCN 自然保护地管理分类方法对我国自然保护地体系建设有什么启示？
5. 国际上自然保护地体系对我国自然保护地体系建设有什么启示？

3 国家公园

3.1 国家公园的产生与发展

3.1.1 国家公园的产生

19世纪中期，美国工业化程度迅速提高，经济的发展加剧了生态环境的破坏，工业化进程使得原始的自然和荒野岌岌可危。美国打着"天赋使命"的旗号，无情地向西部挺进，有计划地将印第安人驱离他们的家园，将他们的土地改为他用。到19世纪60年代，美国最著名的地标性景观尼亚加拉大瀑布几乎被毁，每处景点都为私人所有，必须交费才能游览。游客被纠缠和欺诈都是家常便饭，唯利是图的商贩和自诩为导游的人挤满了车站。欧洲游客曾公开贬低美国人，指责他们让这么美的自然杰作因商业开发而被摧残，并因此称美国仍是一个落后和野蛮的国家。伴随着工业化进程的推进，人们的自然保护意识被唤醒，回归自然的理念也日益盛行，一群自然保护运动先驱看到加利福尼亚州约塞米蒂的红杉巨木遭到大肆砍伐，积极奔走促请国会保存该地，终于在1864年6月30日由林肯总统签署了一项法案。该法案围绕约塞米蒂山谷和马里波萨巨杉林，将超过155km^{2}的联邦土地移交给加利福尼亚州政府管辖，作为加利福尼亚州州立公园(后于1890年改为国家公园)，条件是这里永远不能用作私人用地，而是用作公共的度假地和游乐场所。这项法案留下的不只是一片景观、一个公园，还是能给每个人带来欢乐的大面积自然风光。

1870年，美国一支颇具影响力的团队探访了怀俄明州黄石胜景，证实了之前冒险者们对于黄石地区景象的描述。1871年，美国政府派出由专业人士组成的探险队深入黄石地区内部探明该地区的价值，这次探险活动使美国人真正看到了以往只能想象的奇景，并促成美国国会在1872年通过法案，将怀俄明、蒙大拿、爱达荷三州交界处方圆80余万hm^{2}的黄石地区划为生态保护和大众休闲的保留地，世界第一个国家公园——黄石国家公园由此诞生(图3.1)。

3.1.2 国家公园的发展

黄石国家公园建立后，国家公园管理模式产生的作用引起了美国政府的重视，国家公园理念逐渐向全球扩散，国家公园数量不断增加，许多保护设施和经费难以保障的第三世界国家也投身于国家公园建设，掀起了一场全球性的国家公园运动。根据张海霞(2010)、张希武

图 3.1 美国黄石国家公园(https://www.nps.gov/yell/index.htm)

和唐芳林(2014)的研究,世界国家公园的发展可以分为 5 个阶段。

3.1.2.1 第一阶段(19 世纪 80 年代至 19 世纪末)

国家公园的起源反映了人类对自身破坏自然行为的反思。黄石国家公园建立后,国家公园理念在美国得到了广泛而迅速的传播,1890 年和 1899 年,美国又相继建立了红杉国家公园、约塞米蒂国家公园、雷尼尔山国家公园。在美国的影响和带动下,1879 年,澳大利亚建立了皇家国家公园。1885 年,加拿大建立了班夫国家公园。新西兰、墨西哥、英国等也纷纷建立了自己的国家公园。这一时期国家公园的数量较少,且增长缓慢,从空间分布来看,主要集中于美国和英联邦国家。

3.1.2.2 第二阶段(20 世纪初至 20 年代)

伴随着以底线公平为基本诉求的"公民游憩权"思想的出现,西欧发达国家也逐渐接受国家公园的发展理念。1909 年,瑞典建立了欧洲第一个国家公园,之后荷兰、西班牙、芬兰、瑞士等国家纷纷响应,并普遍采取低门票或免门票的方式向全民开放。同期,发达国家的海外殖民地如南非、智利、古巴、印度等,也开始出现国家公园,这些国家公园多为狩猎保护区的性质,服务对象以富裕的特权阶层为主。此外,新大陆国家的国家公园数量逐渐增加,管理得到进一步加强,美国于 1916 年设立了隶属于美国内政部的国家公园管理局,作为国家公园专管机构,并发布实施了《国家公园管理局组织法案》,为全球国家公园的规范化管理树立了典范。这一时期,随着自然保护运动在全球铺开,西方发达国家出现了大量的自然保护机构,对国家公园的建立起到了积极促进作用。

3.1.2.3 第三阶段(20 世纪 30—40 年代)

第二次世界大战期间,国家公园在全球更大范围内得以传播,特别是非洲、大洋洲、亚洲的一些殖民地国家。例如,比利时于 1925 年在刚果设立了阿尔贝国家公园;意大利于 1926 年在索马里设立了一个国家公园;法国在马达加斯加和印度开展了国家公园的相关工作。此外,新西兰、澳大利亚、加拿大、南非、菲律宾、冰岛、瑞典、丹麦、德国、比利时、罗马尼亚、西班牙、日本、墨西哥、阿根廷、委内瑞拉、厄瓜多尔、智利、巴西、圭亚那等国家也都设立了一些新的国家公园。

3.1.2.4 第四阶段(20 世纪 50—70 年代)

在此阶段,由于生态保护运动的"爆炸性"开展、工业化国家居民对"绿色空间"的渴求以及世界旅游业发展等原因,国家公园的划定有了更大的进展。20 世纪 40 年代出现了国家公园建立的高峰期,10 年间有 39 个国家新建了 200 多处国家公园。一方面,大量独立后的国家加入到全球国家公园网络,如东非的肯尼亚于 1946 年建立了内罗毕国家公园,赞比亚于 1950 年建立了卡富埃国家公园(图 3.2),泰国于 1962 年建立考艾国家公园。另一方面,第二次世界大战以后,西欧、北美等发达国家经济出现空前繁荣,人们闲暇时间增多,旅游业迅速发展,国家公园旅游人数猛增,给国家公园环境容量带来极大的压力。受环境保护主义的思潮影响,这些国家出现了新一轮的国家公园数量增长。在北美,国家公园的数量扩大了 7 倍多(从 50个扩大到 356 个);在欧洲,国家公园的数量扩大了 15 倍多(从 25 个扩大到 379 个)。到 20 世纪 70 年代中期,全世界已有 1204 个国家公园。

图 3.2 赞比亚卡富埃国家公园(https://www.africanparks.org/the-parks/kafue/kafue-news)

3.1.2.5 第五阶段(20 世纪 70 年代至今)

近年来,各国经济快速发展,人民生活水平不断提高,户外游憩需求逐步加大,再加上国际旅游业的飞速发展以及全球对生态环境的日益关注,促使国际环境保护事业蓬勃发展,更促进了国家公园的普遍建立。经过100多年的研究和发展,国家公园已经成为一项世界性和全人类性的自然文化保护运动,在亚洲,日本、马来西亚、韩国、印度尼西亚、越南、印度、泰国等都建立了国家公园。根据世界保护区数据库(World Database of Protected Areas,简称WDPA)2023年1月公布的数据,目前全球国家公园约有6000处,保护面积超过600万km^2。

3.1.3 我国国家公园体制建设历程

就我国大陆地区而言,自20世纪50年代建立第一个自然保护区以来,以自然保护区为主,包括森林公园、湿地公园、风景名胜区、地质公园、海洋公园等各类保护区在我国得到了迅猛发展,全国自然保护事业取得了显著成效。为完善我国的保护区体系,探索与国际接轨、符合我国国情的新型保护地模式,1996年,云南省开始在滇西北开展了基于国家公园建设的新型保护地模式探索研究。2005年5月,由云南省政府研究室与大自然保护协会共同组织,在昆明举办了关于在香格里拉创建国家公园的研讨会。2007年6月,普达措国家公园正式挂牌。2008年10月,中国环境保护部和国家旅游局批准建设了中国第一个国家公园试点——黑龙江汤旺河国家公园。

2013年11月,党的十八届三中全会首次提出建立国家公园体制;2014年,国务院就促进旅游业改革发展提出了若干意见,其中包括稳步推进建立国家公园体制;2015年,国家发展与改革委员会等13个部委签发了《建立国家公园体制试点方案》,明确了云南、北京、青海、湖南、湖北、福建、吉林、浙江、黑龙江9个省(直辖市)作为国家公园体制建设试点地区,每个省(直辖市)选取一个区域开展工作,在地方探索实践的基础上,构建我国国家公园体制的顶层设计,至此国家公园建设在国家层面探索符合我国国情的保护地管理模式才正式开始。2017年6月中央全面深化改革领导小组第三十六次会议审议通过了《祁连山国家公园体制试点方案》,祁连山国家公园成为我国第10个国家公园试点;2017年9月,中共中央办公厅、国务院办公厅印发了《建立国家公园体制总体方案》,在总结国家公园体制试点建设的基础上,对国家公园体制的建设给出进一步指导;2017年10月,党的十九大报告明确提出要建立以国家公园为主体的自然保护地体系。2018年3月,在《深化党和国家机构改革方案》中提出成立国家林业和草原局,加挂国家公园管理局的牌子,履行统一管理国家公园等各类自然保护地的职责,同年4月,国家公园管理局正式揭牌,标志着中国国家公园进入了新纪元。2019年6月,《关于建立以国家公园为主体的自然保护地体系的指导意见》明确了自然保护地生态价值和保护强度高低强弱顺序,依次为国家公园、自然保护区、自然公园,确立国家公园在维护国家生态安全关键区域中的首要地位,确保国家公园在保护最珍贵、最重要生物多样性集中分布区中的主导地位,确定国家公园保护价值和生态功能在全国自然保护地体系中的主体地位。2021年10月12日,在《生物多样性公约》第十五次缔约方大会上,我国正式宣布设立三江源、大熊猫、东北虎豹、海南热带雨林、武夷山等第一批国家公园,涉及青海、西藏、四川、陕西、甘肃、吉林、黑龙江、海南、福建、江西等10个省(自治区、直辖市),均处于我国生态安全战略格局的关键区域，保护面积达23万平方公里，涵盖近30%的陆域国家重点保护野生动植物种类。第一批国家公园设立以来，国家公园管理局于2021年10月和2022年4月，先后复函同意在黄河口、秦岭、羌塘、亚洲象等12个区域创建国家公园，提出了创建期间需要推进的重点工作。同时，积极推进祁连山、钱江源、南山、神农架等原国家公园体制试点区开展相关前期工作。

国家公园体制建设包括以下4个方面：一是以自然资源资产产权制度为基础，建立统一事权、分级管理体系；二是以系统保护理论为指导，强化自然生态系统保护管理；三是以社区协调发展制度为依托，推动实现人与自然和谐共生；四是以国家公园立法为基础，保障国家公园体制改革顺利推进。

目前，我国拥有49个国家公园候选区（含正式设立的5个国家公园：东北虎豹国家公园、大熊猫国家公园、三江源国家公园、海南热带雨林国家公园、武夷山国家公园），总面积约110万km^2，包括陆域44个、陆海统筹2个、海域3个。其中，青藏高原布局13个候选区，形成青藏高原国家公园群，总面积约77万km^2，占国家公园候选区总面积的70%；长江流域布局11个候选区，黄河流域布局9个候选区。我国国家公园候选区覆盖了森林、草原、湿地、荒漠等自然生态系统，共涉及现有自然保护地700多个。分布着5000多种野生脊椎动物和2.9万多种高等植物，保护了80%以上的国家重点保护野生动植物物种及其栖息地。同时也保护了众多大尺度的生态廊道，以及国际候鸟迁飞、鲸豚类洄游、兽类跨境迁徙的关键区域。到2025年，统一规范高效的管理体制基本建立。到2035年，我国将基本完成国家公园空间布局建设任务，基本建成全世界最大的国家公园体系。

3.2 国家公园概述

3.2.1 基本概念

2018年由国家林业和草原局发布的《国家公园功能分区规范》中指出，国家公园是由国家批准设立并主导管理，以保护具有国家代表性的大面积自然生态系统为主要目的，实现自然资源科学保护和合理利用的特定陆地或海洋区域。其首要功能是重要自然生态系统的原真性、完整性保护，兼具科研、教育、游憩等综合功能。

由中共中央办公厅、国务院办公厅于2019年6月印发的《关于建立以国家公园为主体的自然保护地体系的指导意见》中对国家公园作出如下定义："国家公园是指以保护具有国家代表性的自然生态系统为主要目的，实现自然资源科学保护和合理利用的特定陆域或海域，是我国自然生态系统中最重要、自然景观最独特、自然遗产最精华、生物多样性最富集的部分，保护范围大，生态过程完整，具有全球价值、国家象征，国民认同度高。"

3.2.2 国家公园特色

我国国家公园的突出特色有3点：一是将国家公园体制作为国家战略，把保护放在第一位，下大力气对那些还基本保持自然状态的区域实行更加严格的保护，首批10个试点公园面积超过了国土面积的2%，力度之大受到世界瞩目。二是中华民族千百年来顺应自然、道法自然，形成了许多的天人合一生产生活模式，成为珍贵的自然文化遗产。我国国家公园对这些自然区域承载的人文要素特别进行了保护传承。三是生态好的地区也是经济相对落后的地区，国家公园建设需要肩负生态保护、经济发展、改善民生等重任，特别是要考虑拟建区域原住居民的生产生活需求和生态经济发展，使绿水青山与金山银山保持高度统一。

3.2.3 国家公园的功能定位

尽管有关国家公园的定义和标准各国不一，但国家公园所具有的价值及功能相当一致。国家公园可以提供人类追求的健康环境、美的环境、安全环境以及充满知识泉源的环境，使得国家公园具备健康的、精神的、科学的、教育的、游憩的、环境保护的以及经济方面的多种价值，并相应的具备以下几方面的功能。

(1)提供保护性环境。国家公园地区大都具有成熟的生态体系，并包含有顶极生物群落，对于缺乏生物技能的都市体系和以追求生产量为目标的生产体系，均能产生中和作用，对人类生活环境品质的提高极具意义。

(2)保护生物多样性。自然生态体系中的每一物种，都是长年演化的产物，其形成往往需要万年以上的时间。设立国家公园具有保存大自然物种，提供作为基因库的功能，并以此供后代子孙世世代代使用。

(3)提供国民游憩的场所，促进地方经济繁荣。优美神奇的大自然景色可以陶冶情操，启发灵感。国民对于户外游憩需求与日俱增，回归大自然的行动已风靡全世界。因此，在国土计划中除地方性公园及绿地配置外，具有优美自然原始风景的国家公园，常作为现代都市生活最高品质的游憩场所。至于国家公园的有形价值，特别是成本与经济收益方面，目前虽无完整资料，但诸如美国、日本、加拿大、瑞士、英国、法国等国家因国家公园所带来的旅游年收入均有一笔可观的数目，就连非洲的国家公园，其收益对国家的经济帮助也是显而易见的。比如哥斯达黎加开展以国家公园为主的生态旅游收效显著，1991年旅游收入已成为该国外汇收入的第二大来源，达3.36亿美元。另外，国家公园观光旅游发展的同时可以促进当地地方经济，增加区内、区外居民的就业发展机会。

(4)促进学术研究和国民环境教育。国家公园区内的地形、地质、气候、土壤、水域及动植物生态资源多未经人为改变或干扰。对于研究自然科学的研究者而言，可以利用国家公园区域研究生态系统发展、食物链、能量传递、物质循环、生物群落演变与消长等。此外，国家公园内设有游客中心，可在此聘请解说员进行室内解说和实地环境区划解说，为国民提供野外教育的机会。

学者唐芳林(2010)在汲取世界各国(或地区)在国家公园建设、研究方面先进经验和研究成果的基础上，基于我国的国情和我国国家公园开发建设的实际，提出了国家公园具有保护、游憩、科研、环境教育、社区发展五大功能。

3.3 国家公园功能分区

国家公园的首要功能是重要自然生态系统的原真性、完整性保护，同时兼具科研、教育、游憩等综合功能，也就是说，国家公园有多功能的目标管理需求。要实现国家公园的多功能目标管理需求，就需要在空间上进行功能区划，把国家公园划分为多个不同的功能分区，实施差别化的管理措施，发挥各功能区的主导功能。国家林业和草原局于2018年发布的《国家公园功能分区规范》规定了国家公园功能分区的原则、类型、依据、步骤和结果说明等原则性和技术性要求。

3.3.1 分区原则

(1)原真性原则。应按照生态系统的自然性、稳定性和可持续性状态，合理确定严格保护和生态修复的区域。

(2)完整性原则。将山水林田湖草复合生态系统作为一个生命共同体，统筹考虑保护和利用，对相关自然保护地进行功能重组，合理确定国家公园的功能分区。确定国家公园各功能区的界线时，应尽量保持自然生态系统和自然生态地理单元的完整性。

(3)协调性原则。在重要自然生态系统的原真性和完整性得到有效保护的前提下，应考虑原住居民的基本生活和传统利用生产的需要，以及当地社会经济发展的需求。

(4)差异性原则。综合分析自然资源特征和社会经济状况，将主导功能具有明显差异的空间区域划分为不同类型的功能区。

3.3.2 功能区类型与划分

国家公园可划分为严格保护区、生态保育区、传统利用区和科教游憩区。

3.3.2.1 严格保护区(strict protection zone，SPZ)

该区域的主要功能是保护完整的自然生态地理单元、具有国家代表性的大面积自然生态系统、国家重点保护野生动植物的大范围生境、完整的生态过程和特殊的自然遗迹。该区域严禁人为干扰和破坏，以确保其自然原真性不受影响。

严格保护区面积占国家公园总面积的比例一般不低于50%。下列区域应划为严格保护区：①具有自然生态地理区代表性且保存完好的大面积自然生态系统，其面积应能维持自然生态系统结构、过程和功能的完整性；②国家重点保护野生动植物的集中分布区及其赖以生存的生境；③具有国家代表性的自然景观，或具有重要科学意义的特殊自然遗迹的区域；④生态脆弱的区域。

3.3.2.2 生态保育区(ecosystem conservation zone，ECZ)

该区域的主要功能是对退化的自然生态系统进行恢复，维持国家重点保护野生动植物的生境，以及隔离或减缓外界对严格保护区的干扰。该区域以自然力恢复为主，必要时辅以人工措施。

下列区域应划为生态保育区：①需要恢复的退化自然生态系统集中分布的区域；②国家重点保护野生动植物生境需要人为干预才能维持的区域；③大面积人工植被需要改造的区域及有害生物需要防除的区域；④被人为活动干扰破坏的区域；⑤隔离的重要自然生态系统分布区之间的生态廊道区域；根据自然生态系统演替、国家重点保护野生动植物扩散等需要，确定生态廊道的位置、长度和宽度等参数。

3.3.2.3　传统利用区(native community zone，NCZ)

该区域主要为原住居民保留，用于基本生活和开展传统农、林、牧、渔业生产活动的区域，以及较大的居民集中居住区域。

传统利用区面积占国家公园总面积的比例不宜高于15%。下列区域应划为传统利用区：①原住居民开展传统生产的区域；②当地居民集中居住的区域；③当地居民生产生活所必需的公共管理与公共服务用地、特殊用地和交通运输用地等区域。

3.3.2.4　科教游憩区(research，education and recreation zone，RERZ)

该区域的主要功能是为公众提供亲近自然、认识自然和了解自然的场所，可开展科研监测、自然环境教育、生态旅游和休憩康养等活动。

科教游憩区面积占国家公园总面积的比例不应高于5%。下列区域可划为科教游憩区：①具有理想的科学研究对象，便于开展长期研究和定期观测的区域；②适宜开展科普宣传、生态文明教育等活动的区域；③拥有较好的自然游憩资源、人文景观和宜人环境，便于开展自然体验、生态旅游和休憩康养等活动的区域。

3.3.3　分区步骤与结果

国家公园的分区步骤可分为4步，分别是本底调查、分析评估、方案比选、勘察定界。

(1)本底调查。对国家公园区域内的自然环境、自然资源和社会经济等情况进行综合科学考察或专项调查，摸清自然生态系统、自然景观、原住居民等特征。收集或绘制国家公园的遥感影像图、地形图、植被图、水系图、重点保护野生动物分布图、重点保护野生植物分布图、土地或海域利用现状图、游憩资源分布图、行政区划图等基础图件。

(2)分析评估。分析评估重要自然生态系统的原真性和完整性，分析自然资源传统利用方式的不可替代性，分析游憩资源利用的可行性。

(3)方案比选。可采用图层叠加分析、相关损益分析、专家咨询等方法，提出比选方案，必要时应现地核实。经论证审定，确认最优分区方案。

(4)勘察定界。结合实地勘察，确定各功能区的界线。为维持自然生态系统和自然生态地理单元的完整性，尽量利用河流、沟谷、山脊和海岸线等自然界线或道路、居民区等永久性人工构筑物作为各功能区的界线。

之后，还需要对功能区进行划定，对范围进行说明并绘制功能分区图。首先，介绍一下功能区组成。国家公园必须划定严格保护区和科教游憩区，可根据实际情况划定生态保育区和传统利用区，各功能区的数量可以是一个或者多个。其次，功能区范围说明包括以下几点：①说明各个功能区的面积大小和占比；②说明功能区的四至边界和主要拐点坐标；③说明各个功能区内自然环境和社会经济等情况。最后，绘制功能分区图。主要是绘制“国家公园功能区布局图”和“国家公园功能区自然生态系统信息图”，并使用对比鲜明的颜色在图面上标明各功能区的范围。

3.4 中国首批国家公园介绍

中国国家公园是以保护具有国家代表性的自然生态系统为主要目的，实现自然资源科学保护和合理利用的特定陆域或海域。为加强生物多样性保护，中国正加快构建以国家公园为主体的自然保护地体系，逐步把自然生态系统最重要、自然景观最独特、自然遗产最精华、生物多样性最富集的区域纳入国家公园体系。2021 年 10 月 12 日，中国正式设立三江源、大熊猫、东北虎豹、海南热带雨林、武夷山等第一批国家公园，保护面积达 23 万 km^2，涵盖近 30％的陆域国家重点保护野生动植物种类。2022 年 12 月，国家林草局、财政部、自然资源部、生态环境部日前联合印发《国家公园空间布局方案》，遴选出 49 个国家公园候选区，总面积约 110 万 km^2，保护面积居世界首位，涉及现有自然保护地 700 多个，保护了超过 80％的国家重点保护野生动植物物种及其栖息地。

第一批国家公园的共同点是都具有典型的生态功能代表性，如三江源国家公园主要保护青藏高原重要生态功能区；大熊猫国家公园、东北虎豹国家公园守护着大熊猫、东北虎、东北豹等珍贵、濒危野生动物，以及以这些旗舰物种为伞护种的重要生态系统；海南热带雨林国家公园、武夷山国家公园则主要保护热带、亚热带重要森林生态系统。

3.4.1 东北虎豹国家公园

设立东北虎豹国家公园，将有效保护和恢复东北虎豹野生种群，实现其在我国境内稳定繁衍生息，有效解决东北虎豹保护与人的发展之间的矛盾，实现人与自然和谐共生，有效推动生态保护和自然资源资产管理体制创新，实现统一规范高效管理。2017 年 1 月，中共中央办公厅、国务院办公厅批准东北虎豹国家公园体制试点正式启动。

东北虎豹国家公园划定的园区是我国东北虎、东北豹种群数量最多、活动最频繁、最重要的定居和繁育区域，也是重要的野生动植物分布区和北半球温带区生物多样性最丰富的地区之一。园区位于吉林省、黑龙江省两省交界的老爷岭南部区域，总面积 1.46 万 km^2，其中吉林省片区面积约占 69.41％，黑龙江省片区面积约占 30.59％。园区以中低山、峡谷和丘陵地貌为主。

东北虎豹国家公园森林面积广阔，以针阔混交林为主，原生性红松阔叶混交林呈零星分布，次生林分布广泛，以白桦林、山杨林、栎林为主。公园内保存着极为丰富的温带森林植物物种。据不完全统计，高等植物达到数千种，包括大量的药用类、野菜类、野果类、香料类、蜜源类、观赏类、木材类等植物资源。其中不乏一些珍稀濒危、列入国家重点保护名录的物种。比如人们耳熟能详的人参，也被誉为“仙草”，是国家一级保护植物。更为神奇的是，在如此高纬度的地区却存在着起源于亚热带和热带的芸香科、木兰科植物，如黄檗、五味子等。在历史漫长的进化演变中，这些物种随着地球的变迁，最终在东北虎豹国家公园的崇山峻岭中孑遗。

富饶的温带森林生态系统，养育和庇护着完整的野生动物群系。东北虎豹国家公园保存了东北温带森林最为完整、最为典型的野生动物种群。目前，该国家公园范围内存在着中国境内极为罕见的、由大型到中小型兽类构成的完整食物链。食肉动物群系包括大型的东北虎、东北豹、棕熊、黑熊，中型的猞猁、青鼬、欧亚水獭，小型的豹猫、紫貂、黄鼬、伶鼬等。食草动物群系包括大型的马鹿、梅花鹿，中型的野猪、西伯利亚狍、原麝、斑羚等。

东北虎豹国家公园内茫茫的林海亦成为鸟类生存繁衍的天堂。每年春天，各种鸦类、鸫类、鹟类等林栖鸟类开始从南方返回，为当年的繁殖做好准备。位于东北虎豹国家公园旁的图们江口湿地被列为亚洲重点鸟区，春去秋来，壮观的雁鸭类迁徙大军便在此处停息补充能量，然后沿着国家公园内南北走向的山脉继续南下北往。

东北虎豹国家公园肥沃的森林环境，也为棕黑锦蛇、红点锦蛇、白条锦蛇、虎斑游蛇、东亚腹链蛇、乌苏里蝮蛇、黑眉蝮等爬行动物提供了良好的生存环境。

东北虎豹国家公园濒临日本海，在海洋气候的影响下，这里环境湿润，水系发达。著名的跨国河流绥芬河发源于东北虎豹国家公园内，珲春河、图们江等的重要支流横穿国家公园，充沛的水源也为两栖动物提供了良好的生存基础。每年 4 月中下旬，中国林蛙、东方铃蟾、粗皮蛙、花背蟾蜍、极北小鲵等开始从蛰伏中苏醒，来到静水洼或池塘产卵，产完卵后，成蛙开始进入山林。待蝌蚪孵化变态为成蛙后，也会进入山林生活。进入秋天，它们又开始纷纷从山林中走出，跳进河流、湿地蛰伏避冬。

发达的水系同样养育了丰富的鱼类资源，比如大马哈鱼、雅罗鱼、哲罗鱼。值得一提的是，在图们江、鸭绿江和绥芬河水系上游支流的山涧溪流中生长着一种中小型冷水稀有鱼类——花羔红点鲑，这是世界上最著名的 5 种鲑鱼之一，仅生存在图们江、绥芬河、鸭绿江流域上游两岸森林茂密且水流湍急、清澈的区域。

东北虎豹国家公园管理局是第一个由中央直接管理的国家自然资源资产和国家公园管理机构，依托国家林业和草原局驻长春专员办开展工作。会同吉林、黑龙江两省政府，在相关林业局挂牌成立 10 个管理分局，构建了两级垂直管理体制。成立了协调工作领导小组，建立了以国家林业和草原局为主体，由各部委和两省组成的多方协调会商机制，定期召开推进会，明确各方职责。

3.4.2 大熊猫国家公园

为了推动大熊猫栖息地整体保护和系统修复，实现大熊猫种群稳定繁衍，2017 年 1 月，经中共中央办公厅、国务院办公厅批准大熊猫国家公园体制试点正式启动。园区总面积为

2.71 万 km^2，横跨四川、陕西、甘肃 3 省 12 个市(州)30 个县(市、区)，其中四川省片区面积约占 74.36%，陕西省片区面积约占 16.16%，甘肃省片区面积约占 9.48%，分为四川省岷山片区、四川省邛崃山-大相岭片区、陕西省秦岭片区、甘肃省白水江片区。

大熊猫国家公园地处全球生物多样性保护热点地区，是我国生态安全战略格局“两屏三带”的关键区域。园区内有野生大熊猫 1631 只，占全国野生大熊猫总量的 87.50%，大熊猫栖息地面积 18 056km^2，占全国大熊猫栖息地面积的 70.08%。公园内有国家重点保护野生动物 116 种，国家重点保护野生植物 35 种(图 3.3)。

图 3.3　大熊猫国家公园(http://www.forestry.gov.cn/c/www/gjgy.jhtml)

大熊猫国家公园在地质构造上处于滇藏地槽区的松潘甘孜皱褶系和昆仑-秦岭地槽区的秦岭皱褶系的交界带，西北高、东南低，地形呈现出山大峰高、河谷深切、高差悬殊、地势地表崎岖等特点，常见相对高差 1000m 以上的深谷，是全球地形地貌最为复杂地区之一，大部分山体海拔在 1500～3000m 之间，最高峰海拔 5588m，最低谷海拔 595m。

大熊猫国家公园位于我国中纬度地区，受东亚季风环流影响明显，处在大陆性北亚热带向暖温带过渡的季风气候区内，由东南向西北，随着海拔的升高，依次从河谷亚热带湿润气候，经暖温带湿润气候过渡到温带半湿润和高寒湿润气候，由于山脉纵横，地势复杂，形成多种复杂的小气候。年平均温度为 12～ 16℃，极端最低温度为－28℃，最高温度为 37.7℃。全年降水量 500～1200mm，季节分配不均，夏秋季多、冬春季少；空间分布也不均匀，西南区域多于东北区域，山区多于河谷，并随海拔升高而增加。

大熊猫栖息地被山脉和河流等自然地形、植被分布、居民点、耕地以及交通道路等隔离成 33 个斑块，其中，大熊猫国家公园涉及 18 个斑块，面积最小的不到 100km^2。因栖息地隔离形成 33 个大熊猫局域种群，其中，大熊猫国家公园涉及 18 个局域种群，种群数量大于 100 只的种群有 6 个，主要分布在岷山中部、邛崃山中北部和秦岭中部；种群数量为 30～100 只的种群有 2 个；种群数量小于 30 只的种群有 10 个。从种群规模分析，种群规模小于 30 只的种群具有灭绝风险。此外，大于30只的局域种群中，大相岭中部大相岭B种群和岷山南部岷山L种群由于种群密度低和受汶川大地震影响，保护形势不容乐观。

根据森林资源调查数据，大熊猫国家公园森林面积19 556km^2，其中乔木19 211km^2，竹林75km^2，森林覆盖率72.07%。草地面积1809km^2，占总面积的6.67%，以高山灌丛草甸草原为主，主要分布在岷山海拔3900m乔木上线以上的区域。

据初步统计，大熊猫国家公园内有脊椎动物641种，其中兽类141种、鸟类338种、两栖和爬行类动物77种、鱼类85种。有大熊猫、川金丝猴、云豹、金钱豹、雪豹、林麝、马麝、羚牛、中华秋沙鸭、玉带海雕、金雕、白尾海雕、白肩雕、胡兀鹫、绿尾虹雉、雉鹑、斑尾榛鸡、黑鹳、东方白鹳、黑颈鹤、朱鹮等国家一级重点保护野生动物22种，国家二级重点保护野生动物94种。

大熊猫国家公园生长着不少被国家重点保护的珍稀植物。根据现有资料统计，园区内有种子植物197科1007属3446种，其中，红豆杉、南方红豆杉、独叶草、珙桐等国家一级重点保护野生植物有4种，国家二级重点保护野生植物有31种。

大熊猫国家公园内水系发达，水资源丰沛。河流属嘉陵江、岷江、沱江、汉江和渭河等5个水系，以短、直为主要特征，多瀑布、急流和险滩。山高坡陡，河道自然落差大，水能资源蕴藏量十分丰富，其中以涪江干流水能资源最为丰富。根据全国第二次湿地调查数据，园区内河流、湖泊、湿地面积224km^2，湿地率0.83%，有河流、湖泊、沼泽和人工库塘等。

3.4.3 三江源国家公园

为了保护长江、黄河、澜沧江3条江河的发源地以及世界范围内特有的高寒生物自然种质资源，2016年3月，经中共中央办公厅、国务院办公厅印发了《三江源国家公园体制试点方案》，全面启动三江源国家公园体制试点工作。园区位于青海省，包括长江源、黄河源、澜沧江源3个园区，涉及果洛藏族自治州玛多县和玉树藏族州治多、曲麻莱、杂多3个县以及青海可可西里国家级自然保护区管理局管辖区域，共12个乡镇、53个行政村。三江源国家公园总面积为12.31万km^2，相当于14个美国黄石国家公园，19个加拿大班夫国家公园，是目前国家公园中面积最大的一个，平均海拔4 713.62m，它拥有世界上高海拔地区独有的大面积湿地生态系统，素有“中华水塔”之称，是我国乃至亚洲重要的生态安全屏障。

3.4.3.1 长江源园区

长江源园区地处三江源腹地，位于昆仑山脉与唐古拉山脉之间。长江源园区以楚玛尔河、沱沱河、通天河流域为主体框架，包括长江源头区域的可可西里国家级自然保护区、三江源国家级自然保护区的索加-曲麻河保护分区。长江源园区面积9.03万km^2，占整个三江源国家公园总面积的73.35%。长江源园区涉及治多县的索加乡、扎河乡，曲麻莱县的曲麻河乡、叶格乡，共15个行政村21 143人。

该区域海拔高度在4200m以上，生态系统敏感而脆弱。长江源园区作为世界上高海拔地区生物多样性最集中的地区，被誉为“高寒生物自然种质资源库”。长江源园区内植被区属于中国植被区划中的青藏高原高寒植被区，主要以高寒草原、高寒荒漠、高寒草甸和高寒沼泽草甸为主，区系成分相对简单，以线叶嵩草、小嵩草、高山嵩草、藏嵩草和紫花针茅为主，植被稀疏，覆盖度小，草丛低矮，层次结构简单。著名的藏药材有红景天、冬虫夏草、雪莲、羌活等。此外，淀粉植物蕨麻、香料植物瑞香、蜜源植物岩忍冬也较为丰富。长江源园区共有林地面积252.52km²，全部为灌木林地，灌木林地呈零星小片，在河谷和山地阴坡多分布有以金露梅、银露梅等为主的灌木。

长江源园区是国家一级保护野生动物藏羚羊的主要集中繁殖地和迁徙通道，是名副其实的“野生动物天堂”，有国家重点保护动物69种，其中，国家一级保护动物雪豹、白唇鹿、藏野驴等16种，国家二级重点保护动物盘羊、岩羊、藏原羚、藏棕熊等53种，省级保护动物斑头雁等32种，国家二级濒危鱼类1种。

独特的地理环境孕育了丰富的水资源，区内河流众多，纵横交错，密如蛛网。区内冰川主要为大陆性现代冰川，据2014年数据统计，共发育有429条冰川，冰川储量为71.33km³，是众多湖泊以及通天河及长江一级支流楚玛尔河、当曲河等的重要补给源泉。

3.4.3.2 澜沧江源园区

澜沧江源园区位于有“澜沧江源第一县”“长江南源第一县”“中国冬虫夏草第一县”“中国雪豹之乡”等美誉的玉树藏族自治州杂多县，包括三江源国家级自然保护区果宗木查、昂赛2个保护分区，面积1.37万km²。澜沧江源园区涉及杂多县的莫云、查旦、扎青、阿多和昂赛5个乡，19个行政村33 205人。澜沧江源园区是国际河流澜沧江（湄公河）的源头区，具有极为重要的水源涵养和径流汇集，以及生物多样性等生态服务功能。由裸岩冰川、高寒草甸草原、灌木丛、大果圆柏林、湿地河流自上而下发育而成的垂直植被地貌景观在三江源地区实属罕见。因此，该园区被称为是世界第三极自然景观资源的自留地之一。

澜沧江源园区草地类型以高寒草甸为主，分布广、面积大，区系成分简单，占草地面积的99%，间有部分高寒草原、沼泽湿地草场、山地灌丛、山地疏林草地。牧草生长低矮，稀疏，平均高度在5cm左右，平均亩产鲜草130kg左右。森林资源中乔木树种有圆柏，灌丛有百里香杜鹃、山生柳、金露梅、银露梅、匍匐水柏树、西藏沙棘等。在三江源国家级自然保护区昂赛保护分区内集中分布有世界海拔上限大果圆柏原始森林。

杂多县生态系统种类多，主要有草原生态系统、湿地生态系统、森林生态系统、荒漠生态系统和城乡生态系统。区内有药用植物250余种，其中名贵的药用植物有雪山贝、知母、雪莲、红景天、秦艽等，是冬虫夏草最富饶的产地。作为重要亚洲旗舰物种雪豹最大的连片栖息地，澜沧江源园区内共有野生脊椎动物78种。果宗木查保护区域分布的藏野驴、藏原羚、野牦牛等大型特有物种，以及昂赛保护区内的旗舰种雪豹、白唇鹿、岩羊、白马鸡等珍稀野生动物种群数量呈现明显恢复增多的态势。该园区具有极高的生物多样性科学研究和观赏价值。

杂多县是三江源地区最为重要的水源涵养区之一，三江源自然保护区面积约占全县面积的61%。杂多县发育有长江南源（当曲）、澜沧江源（扎曲），有214条河流，河流总长度8 256.2km。

3.4.3.3 黄河源园区

黄河源园区地处号称“千湖之县”的青海省果洛藏族自治州西北部玛多县境内，是中华母亲河黄河的源头区，属于黄河源区上游，区内包括了以扎陵湖、鄂陵湖、星星海为代表的高原湖泊群。黄河源园区面积为 1.91 万 km^2，占玛多县总面积的 78.01%。黄河源园区东与玛沁县毗邻，南与果洛州达日县和四川省石渠县接壤，西南与玉树藏族自治州称多县相连，西靠玉树藏族自治州的曲麻莱县，北与玛多县花石峡镇相接。黄河源园区包括了黄河乡、扎陵湖乡和玛查里镇 19 个行政村以及位于玉树州曲麻莱县麻多乡扎陵湖湖泊水体和湖滨带(含扎陵湖鸟岛)的部分区域。

黄河源园区以高寒草甸为主，分布广，面积大，区系成分简单。以高山嵩草、藏嵩草和矮嵩草等种群为优势，占可利用草地面积的 71.05%，其余为高寒草原类、高寒荒漠类和高寒草甸草原类。

黄河源园区内自然资源种类多，数量丰富，自然生态系统具有青藏高原的典型性和代表性，生物多样性保护在全球处于重要的战略地位。黄河源园区植被的原始性和脆弱性十分突出，除天然灌木林有零星分布外，无乔木生长。黄河源园区内有药用植物 284 种，蕴藏量较大的有红景天、秦艽、大戟、棘豆、小大黄、马尿泡、黄芪等。丰富的湖泊湿地资源将这里变成了高原特有野生动物的“天堂”，为这里的珍稀野生动物栖息繁衍提供了良好的环境。这里有黑颈鹤、天鹅、斑头雁等珍稀鸟类，黄河源园区及周边地区集中分布着大种群的藏野驴、藏原羚、岩羊、野牦牛、白唇鹿等野生动物，有花斑裸鲤、骨唇黄河鱼等 8 种重点保护鱼类。

黄河源园区地处黄河源头，境内河流众多，密如蛛网。境内湖泊星罗棋布，大大小小湖泊数量已经达到 5000 多个。其中，扎陵湖、鄂陵湖是黄河流域两个最大的天然淡水湖泊，两个湖泊蓄水量达 165 亿 m^3，相当于黄河流域年总流量的 28%。星星海保护分区沼泽面积大，具有重要的水源涵养功能。

3.4.4 海南热带雨林国家公园

为了保护岛屿型热带雨林生态系统以及我国热带珍稀濒危野生动物资源，2019 年 7 月，国家公园管理局印发了《海南热带雨林国家公园体制试点方案》，海南热带雨林国家公园体制试点正式启动。

海南热带雨林是世界热带雨林的重要组成部分，是热带雨林和季风常绿阔叶林交错带上唯一的“大陆性岛屿型”热带雨林，是我国分布最集中、保存最完好、连片面积最大的热带雨林，拥有众多海南特有的动植物种类，是全球重要的种质资源基因库，是我国热带生物多样性保护的重要地区，也是全球生物多样性保护的热点地区之一。

海南热带雨林国家公园(图 3.4)位于海南岛中部山区，东起吊罗山国家森林公园，西至尖峰岭国家级自然保护区，南自保亭县毛感乡，北至黎母山省级自然保护区，总面积超过 4400km^2，约占海南岛陆域面积的 1/7。范围涉及五指山、琼中、白沙、昌江、东方、保亭、陵水、乐东、万宁 9 个县(市)，涵盖并连通了五指山、鹦哥岭、尖峰岭、霸王岭、吊罗山 5 个国家级自然保护区和黎母山、猴猕岭、佳西、俄贤岭4个省级自然保护区，尖峰岭、霸王岭、吊罗山、黎母山4个国家森林公园，南高岭、子阳、毛瑞、猴猕岭、盘龙、阿陀岭6个省级森林公园以及毛瑞、卡法岭、通什等相关国有林场。

图3.4　海南热带雨林国家公园(http://www.hntrnp.com/)

海南热带雨林国家公园内海拔超过1400m的山峰主要有五指山(1867m)、鹦哥岭(1812m)、猴猕岭(1655m)、黑岭(1560m)、三角山(1499m)、尖峰岭(1412m)、黎母山(1411m)等。该国家公园气候类型为热带海洋性季风气候，年均气温为22.5～26.0℃，多年平均降雨量为1759mm，是南渡江、昌化江、万泉河等海南主要水系的发源地。

据统计，海南热带雨林国家公园内已记录有野生维管植物3577种，隶属220科1142属，有各类保护植物432种，其中国家一级保护植物6种，国家二级保护植物34种，特有植物428种。共记录脊椎动物5纲38目145科414属627种，其中国家一级保护动物8种，国家二级保护动物67种，海南特有动物33种。海南热带雨林国家公园面积占全国国土面积的比例不足0.046%，但拥有全国约20%的两栖类、33%的爬行类、38.6%的鸟类和20%的兽类。

3.4.5　武夷山国家公园

为了保护世界同纬度带最完整、最典型、面积最大的中亚热带森林生态系统，以及珍稀、特有野生动植物，2016年6月，经国家发展和改革委员会批复，武夷山国家公园体制试点正式启动。

武夷山国家公园位于福建省北部，周边分别与福建省武夷山市西北部、建阳区和邵武市北部、光泽县东南部、江西省铅山县南部毗邻。规划总面积1 001.41km^2。园区整合了自然保护区、风景名胜区、世界文化与自然遗产、国家森林公园、国家级水产种质资源保护区5种保护地类型。

武夷山国家公园主要分布了前震旦纪和震旦纪的变质岩系，中生代的火山岩、花岗岩和碎屑岩。在中生代晚期，武夷山发生了强烈的火山喷发活动，继之为大规模的花岗岩侵入，已发现本区有丰富的火山机构，为典型的亚洲东部环太平洋带的构造特征。白垩纪晚期的红色砂砾岩是形成丹霞地貌的主体。中生代的地壳运动奠定了武夷山地貌的基本骨架。西部海拔 1500m 以上的山峰，基本上由坚硬的凝灰熔岩和流纹岩等构成，东部红色砂页岩地区则往往发育有较宽的谷地和盆地。武夷山丰富的地貌类型是地质构造、流水侵蚀、风化剥蚀、重力崩塌等综合作用的结果。

武夷山国家公园四季分明，处于中亚热带，四季气温较均匀、温和湿润，总体年平均气温 17～19℃，1 月平均气温 6～9℃，极端最低气温可达－9℃，7 月平均气温 28～29℃，年平均降水量 1684～1780mm，是福建省降水量最多的地区。年相对湿度高达 85%，雾日在 100d 以上。

武夷山国家公园内自然环境多样，发育着多种多样的植被类型，还有 210.70km^2 原生性森林植被未受到人为破坏，是世界同纬度保存最完整、最典型、面积最大的中亚热带森林生态系统。该国家公园内相对海拔最高达 1700m，随着海拔的递增、气温的递减和降水量的增多，植被垂直带谱明显，依次分布有常绿阔叶林、针阔叶混交林、温性针叶林、中山苔藓矮曲林、中山草甸 5 个垂直带谱，是中国大陆东南部发育最完好的垂直带谱。

根据国内外数 10 年来对武夷山地区的野外调查，植物标本采集、鉴定、整理和统计，武夷山国家公园共记录高等植物 269 科 2799 种(包含亚种、变种，下同)，包括苔藓植物 70 科 345 种、蕨类植物 40 科 314 种、裸子植物 7 科 26 种和被子植物 152 科 2114 种(包括亚种和变种)。此外，还记录藻类 73 科 191 属 239 种、真菌 38 科 83 属 503 种和地衣 13 科 35 属 100 种。这些物种既有大量亚热带的物种，也有从北方温带分布到这里的种类和从南方热带延伸到这里的种类，具有很高的植物物种丰富度。种子植物种类数量在中亚热带地区位居前列，有中国特有属 27 属 31 种，许多如银杏等为单种属孑遗植物 3728 种。截至 2018 年，有 28 种珍稀濒危物种列入《中国植物红皮书》，如鹅掌楸、银钟树、南方铁杉、观光木、紫茎等。武夷山兰科植物尤其丰富，已知有 32 属 78 种，宽距兰、多花宽距兰为中国新记录种，盂兰为福建省公布新记录种。蕨类就有 14 种，如武夷山铁角蕨、武夷蹄盖蕨、武夷耳蕨、武夷假瘤足、武夷粉背蕨、武夷凸轴蕨等以“武夷”作为种加词的就达 6 种。武夷山的古树名木具有“古、大、珍、多”的特点，如武夷宫 880 年树龄的古桂、坑上 980 年树龄的南方红豆杉等，具有极高的科研价值和保存价值。

武夷山国家公园在中国动物地理区划上属于东洋界中印亚界的华中东部丘陵平原亚区。该国家公园内地貌复杂，生态环境类型多样，为野生动物栖息繁衍提供了理想场所，被中外生物学家誉为“蛇的王国”“昆虫世界”“鸟的天堂”“世界生物模式标本的产地”“研究亚洲两栖爬行动物的钥匙”。根据大量涉及武夷山国家公园及其周边地区的调查研究文献，同时结合因分类学进展而变化的种类对原有的物种进行修订，经初步统计，武夷山国家公园共记录野生脊椎动物 5 纲 35 目 125 科 332 属 558 种，包括哺乳类 8 目 23 科 56 属 79 种、鸟类 18 目 59 科 167 属 302 种、爬行类 2 目 17 科 52 属 80 种、两栖类 2 目 10 科 26 属 35 种、鱼类 5 目 16 科 41 属62 种，占福建省野生脊椎动物的 33.27%，表现出丰富的物种多样性。此外，武夷山国家公园所在区域现已整理鉴定出昆虫 31 目 599 科 6849 种，约占中国昆虫种数的 1/5。在武夷山国家公园记录的 7407 种野生动物中共记录国家级重点保护物种、CITES 附录物种及受威胁物种115 种，黑麂、黄腹角雉等 9 种物种被列入国家一级保护动物，受中日、中澳候鸟保护协定保护的种类有97 种。中国特有野生动物 74 种，崇安髭蟾（角怪）、崇安地蜥、崇安斜鳞蛇、挂墩鸦雀更为武夷山所特有。

武夷山国家公园拥有丰富的水生生物资源，包括浮游藻类、浮游动物、底栖动物、鱼类和水生动物等。其中，高等水生植物共计 42 科 51 属 139 种，浮游动物 67 种，鱼类 22 科 56 属 104 种，以及中华鳖、大鲵等水生动物。

习题与思考题

1. 简述国家公园的功能。
2. 简述国家公园功能分区原则。
3. 我国国家公园可以划分为哪几种功能区类型？
4. 我国 10 个国家公园体制试点分别位于哪里？
5. 试述我国建立国家公园体制的意义。

4　自然保护区

4.1　自然保护区的发展历程

1872 年美国建立了世界上第一个自然保护区——美国黄石国家公园，此公园建立以后，各国都建立起相应的自然保护区。自然保护区在保护自然环境和生物多样性方面起着越来越重要的作用。我国自然保护区于 1956 年开始规划和建设，并于同年建立了中国第一个自然保护区——广东鼎湖山自然保护区。到 1978 年，我国共建立了 35 个自然保护区。随着我国改革开放和经济建设的发展以及人口的增长，自然环境所面临的压力越来越大，人们对于自然的认识也逐步加深，这也加快了自然保护区建设的速度。到 2000 年底，我国已建立自然保护区 1276 个，其中国家级自然保护区 155 个，全国自然保护区总面积 1.23 亿 hm^2，约占我国国土面积的 12.44%。到 2010 年底，国家级自然保护区 247 个，面积 7 597.42 万 hm^2。截至 2016 年，国家级自然保护区 446 处，地方级自然保护区 2294 处。到 2019 年 6 月，加入联合国"人与生物圈保护区网"的自然保护区有武夷山、鼎湖山、梵净山、卧龙、长白山、锡林郭勒、博格达峰、神农架、茂兰、盐城、丰林、天目山、九寨沟、西双版纳等 34 处。国家重点保护的 300 余种珍稀濒危野生动物、130 多种珍贵树木的主要栖息地得到了较好保护。自然保护区的建立是人类文明发展到一定阶段的产物，是人类对自然的认识进一步加深的结果。各国建立自然保护区既是根据自己的社会经济条件情况而决定的，同时也是国际上在保护生态环境问题上相互协作的结果。

我国自然保护区的建立与发展是在借鉴了国外经验的基础上，结合我国的资源及经济社会条件的实际情况进行的。由于世界各国的制度、文化、资源和经济发展条件都有很大差别，这就决定了在发展自然保护区的政策方面有很大的不同。我国是发展中国家，经济还不发达，而且人口众多、幅员辽阔、地区发展不平衡。我国自然保护区的保护政策具有自己的特色。

我国自然保护区从 1956 年开始，中间受到一些因素影响，发展过程十分曲折，总体上可以划分为始建起步阶段、缓慢停滞阶段、快速发展阶段和系统保护阶段 4 个不同阶段。

4.1.1　始建起步阶段

1956—1965 年这一时期是我国自然保护区发展的始建起步阶段。1956 年，在秉志、钱崇澎、秦仁昌等老一辈科学家的建议下，国家设立了以广东鼎湖山自然保护区为代表的第一批自然保护区，开创了我国自然保护区事业的先河，也标志着我国自然资源和自然环境保护进入到崭新的发展阶段。由于当时对自然保护区的定义和理解几乎等同于天然林禁伐区，建立的自然保护区主要位于一些天然林区，数量较少。到 1965 年底，全国共建立自然保护区15 处，如西双版纳、长白山、花坪、白水江、王朗、卧龙、太白山等，保护区面积达到 102.7 万 hm^2。

广东鼎湖山自然保护区蕴藏有丰富的生物多样性，被生物学家称为“物种宝库”和“基因储存库”(图 4.1)。全区 17 000 亩(1 亩≈666.67m^2)的面积内生长着约占广东植物种数 1/4 的高等植物，其中，桫椤、紫荆木、土沉香等国家保护植物达 22 种。

图 4.1　广东鼎湖山国家级自然保护区(http://www.dhs.scib.cas.cn/ydhz/stly_jdjs/)

4.1.2　缓慢停滞阶段

1966—1978 年这一时期是我国自然保护区发展过程中的缓慢停滞时期。到 1978 年底，全国自然保护区总数仅 39 个，12 年的时间仅增加了 24 个，平均每年才增加 2 个。截至 1978 年底，保护区总面积 195.9 万 hm^2，仅占全国陆地面积的 0.2%。

4.1.3　快速发展阶段

1979—2008 年这一时期是我国自然保护区快速发展阶段。邓小平同志于 1978 年就加强武夷山生物资源保护做出重要批示，并推动建立了武夷山自然保护区。同时，1978 年新宪法颁布实施后，国家相继颁布实施了《中华人民共和国环境保护法》《中华人民共和国森林法》《中华人民共和国草原法》《中华人民共和国自然保护区条例》等一系列法律法规，我国自然保护区事业逐步走向正轨，并由此进入到一个持续快速发展的阶段。这一时期也成为我国自然保护区发展的“黄金时期”。

4.1.4　系统保护阶段

党的十八大以来，国家将生态文明建设提高到“五位一体”的高度，要求树立“尊重自然、顺应自然、保护自然”的生态文明理念，加强生物多样性保护。近年来，习近平总书记等中央领导同志又多次对青海祁连山、新疆卡拉麦里山等自然保护区作出了一系列重要批示，为进一步做好自然保护区工作指明了方向，提出了更高的要求。当前自然保护区增长速度变缓，正处于由抢救性保护向系统性保护转变的全新阶段。

4.2　自然保护区概述

4.2.1　自然保护区的概念

4.2.1.1　概念

我国的自然保护区是指对有代表性的自然生态系统、珍稀濒危野生动植物物种的天然集中分布区、有特殊意义的自然保护遗迹等保护对象所在的陆地、陆地水体或者海域，依法划出一定面积予以特殊保护和管理的区域。自然保护区一般具有较大面积，能够确保主要保护对象安全，维持和恢复珍稀濒危野生动植物种群数量及赖以生存的栖息环境。

自然保护区是中国自然保护地体系的基础，是生物多样性保护的核心区域，建立自然保护区是世界各国保护物种栖息地的重要基础，也是保护栖息地内的生物多样性最直接、最有效的措施之一。自然保护区的健康发展在保护中国自然资源和生态环境、维护国家生态安全等方面发挥着极为重要的作用。

自1956年中国建立第一个自然保护区以来，经过60多年的发展，中国自然保护区建设取得了显著成效，截至2016年上半年，全国共建立各种类型、不同级别的自然保护区2750个，其中陆地面积约占全国陆地面积的14.88%，已基本形成类型比较齐全、布局基本合理、功能相对完善的自然保护区体系。

2019年，中共中央办公厅、国务院办公厅印发的《关于建立以国家公园为主体的自然保护地体系的指导意见》中，明确提出要对自然保护地内基础设施建设、矿产资源开发等人类活动实施全面监控，及时掌握各类自然保护地保护成效情况。在中国当前自然保护地改革的关键时期，在全国尺度上研究中国自然保护区的人类活动现状及其变化本底情况具有重要意义，也能为整合优化后自然保护地的分类分区监管提供依据，具有重要的社会意义。很多学者尝试对自然保护区的人类活动情况进行研究，但目前多集中于单个保护区的时序性变化规律分析。

4.2.1.2　自然保护区的主要保护对象

自然保护区按其主要保护对象可分为3个类别：自然生态系统类（包括森林生态系统、草原与草甸生态系统、荒漠生态系统、内陆湿地和水域生态系统、海洋和海岸带生态系统5个保护区类型)、野生生物类(包括野生动物和野生植物两个保护区类型)、自然遗迹类(包括地质和古生物遗迹两个保护区类型)。

4.2.1.3 自然保护区区域划分

自然保护区区域划分可以分为核心区、缓冲区和实验区。

4.2.2 自然保护区的作用

自然保护区是在原始的自然状态系统中,选择具有代表性的地段,人为地划定一个区域,并采取有效的保护措施,对区域内的生态系统加以严格保护。世界各国对自然保护区的建设都非常重视,往往以自然保护区的数量和占全国总面积的百分比作为衡量一个国家的自然保护事业、教科文事业发展水平的重要指标。自然保护区保护了天然植被及其组成的生态系统,在改善环境、涵养水源、保持水土等方面具有重要作用。

从上述可知,自然保护区对于保护自然界生态平衡、促进生产、开展科学研究、发展旅游等都有十分重大的作用。建立自然保护区的重要作用包括生态保护作用、科学研究作用、旅游基地作用。

4.2.2.1 生态保护作用

(1)建立自然保护区可以积极保护生态平衡,有利于加强研究合理的生态平衡和对人类环境的保护。在设立自然保护区的地方,可以使生态系统保持在原始状态或接近原始状态,消除人类的破坏和干扰。

(2)提供生态系统的天然"本底"。对于人类活动的后果,提供评价的准则。

(3)能在涵养水源、保持水土、改善环境和保持生态平衡等方面发挥重要作用。

(4)有助于加强生物物种的研究和利用物种资源。人类活动的规模日益增大,不少物种在未被充分认识之前消失了,这给人类开拓利用自然资源带来了巨大的损失。科学研究表明,每消灭一种植物,就会有10～20种依附于该种植物的动物随之消失。

(5)可以深刻地了解生物间的制约关系。生物在演化过程中,形成相互依存、相互制约的内在联系。这种关系反映在食物链的组成上,构成一个地区相对稳定的生态系统。人类准确地认识这种关系,才可能更好地利用自然、改造自然,这是设立自然保护区的重要目的之一。

4.2.2.2 科学研究作用

(1)自然保护区是天然的科学实验基地。自然保护区保存了大量的物种和丰富的生态系统、生物群落及其生存的环境,这就为科学研究提供良好的基础。同时自然保护区也是普及科学知识、进行教学实习的天然课堂,也是各种生态研究的天然实验室,便于进行连续、系统的长期观测以及珍稀物种的繁殖、驯化的研究等。

(2)自然保护区又称为"活的自然博物馆",是进行自然与自然保护宣传教育的天然博物馆。除少数为进行科研而设置的重点保护区外，一般都可以接纳一定数量的青少年学生和游客进行参观游览。通过精心设计的导游路线和视听工具，利用自然保护区天然的大课堂，可以增加人们对自然界的认识。自然保护区内通常都设有小型的展览馆，通过模型、图片、录音、录像等宣传有关自然和自然保护的知识。

4.2.2.3 旅游基地作用

自然保护区可以作为旅游的基地。自然保护区保存了天然生态系统和大量野生动植物，或保存了完整的地质剖面，对游客有很大的吸引力。尤其是某些风景秀丽的自然保护区，更是游客的向往之地。

4.2.3 自然保护区的价值

自然保护区的价值包括科学研究价值、文化教育价值和旅游价值。自然保护区具有独特的自然景观和人文景观，不仅有各类典型的生态系统，还有丰富多彩的自然资源、珍稀动植物和奇特的自然遗迹，是大自然留给人类的宝贵财富，是认识自然、了解历史、增加知识的天然博物馆，在文化教育、科学考察、卫生保健、环境教育、游憩休闲上发挥着重要的作用。大量名木古树、珍稀动物、文化遗产、民族风俗吸引众多的研究者，能够进一步挖掘现有的旅游资源，满足科学研究的需要。

自然保护区具有有益人类健康的自然环境资源，自然保护区的生态系统保存完好，森林植被覆盖率高，具有比普通森林更加适宜人类生存的森林环境与气候。例如，森林分泌出含量丰富的芬多精(phytoncidere)，能给人以舒适、畅快的享受，具有增强呼吸系统、神经系统的功能。森林产生大量的“负离子”，能改善神经功能、调整代谢过程、提高人体免疫力等。自然保护区旅游业的开发，能够更有效地保护森林资源，提高社会对森林的认识，使保护区生态功能得到合理的利用和开发。通过进一步的植树造林、封山育林等保护措施，保护区内的森林覆盖面积能够进一步增加，并且还能够改善现有森林景观资源，能为野生动物提供更为良好的栖息环境，促进周边环境的良性循环。保护区的开发利用，一方面增强了自然保护区的保护和管理，加强了森林防护作用，生态环境也将会得到明显的改善，使森林在调节气候、保持水土、涵养水源、净化空气等方面的作用得到进一步的发挥。另一方面，给游客提供优美、清静的森林环境，更重要的是能防止大气中二氧化碳浓度、“负离子”含量增高，有益于身心健康。

旅游业是一个依托性强、关联度大的产业，它的发展可以促进金融、商业、餐饮业、宾馆服务业等相关产业的发展，可以改善旅游区的收支平衡状况，可以增加税收，同时可以逐步调整产业结构，成为经济发展新的增长点。自然保护区开展生态旅游对当地经济发展具有重要价值，发展生态旅游带动相关产业的发展，能使保护区周边的居民从中获得大量的就业机会，解决就业问题，带动地方经济的发展。得到经济利益的当地居民也会真正成为自然保护事业的拥护者、支持者和参与者。自然保护区能够满足当地和周边群众的需求，丰富人们的生活，陶冶情操，给人以美的享受。

案例分析及问题思考

辽宁青龙河国家级自然保护区位于辽宁省凌源市西南(图4.2),2005年被批准为AAAA省级自然保护区,2014年12月晋升为国家级自然保护区。保护区总面积12 045hm²,其中,核心区面积4 879.2hm²,缓冲区面积2 760.4hm²,实验区面积4 405.4hm²,属森林生态系统类型。范围涉及凌源市的大河北镇、三道河子镇、刀尔登镇,建立该保护区是为了保护大面积的、很少受破坏的原生次生林和丰富的野生动物资源及其栖息地,同时保护好辽西半干旱区及滦河支流源头的这一水源地。该保护区目前开发的景区有红石谷风景区、南大山、辽代古墓遗址、前进旅游景点、三道河子漂流。保护区内丰富的森林资源、水资源、珍稀动物资源,对维护区域生态平衡,对涵养和增加水源具有重大作用,是生态安全的重要绿色屏障,具有较高的保护价值和科学研究价值。保护区的旅游开发工作已经稳步推进,景区建设有了一定的框架,也有了一定的规模,但由于缺少科学管理经验和认识上的不足,产生一定的社会和经济效益的同时,也产生了一系列与建立保护区的初衷背道而驰的后果,主要存在以下问题:①辽宁青龙河国家级自然保护区生态旅游开发基本是在自发状态下进行的,没有统一完整的生态旅游规划,相互协调能力差,大旅游观念不强。出现盲目建设和重复建设的问题,对资金和资源都造成较大浪费。②辽宁青龙河国家级自然保护区生态旅游开发是一般的大众旅游,无环境容量限制,经济利益优先,破坏、污染较大,旅游环境保护力度亟待加强。③宣传展示力度不够,保护区生态旅游商品的设计、开发、营销十分薄弱。④从业人员素质不能满足生态绿色旅游产业升级的需要,旅游管理水平有待提高。⑤生态旅游基础设施建设薄弱,配套的旅游服务设施不能满足游客的需要。⑥各乡(镇)景区各自招商引资随意经营,从而导致保护区无序开发。

思考:针对辽宁青龙河国家级自然保护区生态旅游资源保护与开发存在的问题,谈一谈问题的解决对策。

图4.2 辽宁青龙河国家级自然保护区(http://www.fnrrc.com/chinese/zrbhq/showcolumns.asp? ID=515)

4.2.4 自然保护区的类型

4.2.4.1 按生态、自然资源分类

(1)生态系统类保护的是典型地带的生态系统。例如,广东鼎湖山自然保护区,保护对象为亚热带常绿阔叶林;民勤连古城国家级自然保护区(图 4.3),保护对象为沙生植物群落;吉林查干湖国家级自然保护区,保护对象为湖泊生态系统。

图 4.3 民勤连古城国家级自然保护区(http://www.lgcbhq.com/category/zrbh)

(2)野生生物类保护的是珍稀的野生动植物。例如,黑龙江扎龙国家级自然保护区(图 4.4),保护对象为以丹顶鹤为主的珍贵水禽;厦门文昌鱼自然保护区,保护对象是文昌鱼;广西防城金花茶国家级自然保护区,保护对象是金花茶。

图 4.4 黑龙江扎龙国家级自然保护区(http://www.fnrrc.com/chinese/zrbhq/showcolumns.asp? ID=372)

(3)自然遗迹类主要保护的是有科研、教育旅游价值的化石和孢粉产地、火山口、岩溶地貌、地质剖面等。例如,山旺古生物化石国家级自然保护区,保护对象是生物化石产地;张家界风景名胜区,保护对象是砂岩峰林风景区;黑龙江五大连池国家级自然保护区,保护对象是火山地质地貌。

4.2.4.2 按国家政府层面分类

1. 国家级自然保护区

国家级自然保护区是中国自然保护区的主体,它保护了中国绝大部分重要的生态系统和珍稀濒危物种。下文将对我国十大国家级自然保护区进行简单介绍。

(1)珠穆朗玛峰国家级自然保护区。珠穆朗玛峰是世界第一高峰,气候寒冷,海拔极高,是一个自然生命生生不息的地方。高等植物就有2000多种,具有"山顶四季雪,山下四季春,一山分四季,十里不同天"的气候特点,为众多生物生长提供了条件,尤其是许多珍贵植物。作为一个自然保护区,拥有丰富的动植物和珍贵物种。

珠穆朗玛峰国家级自然保护区(图4.5)位于西藏自治区的定日县、聂拉木县、吉隆县和定结县4县交界处,大致位于北纬27°48′—29°19′,东经84°27′—88°之间,面积为338.1万hm^2。1988年经西藏自治区人民政府批准建立,1994年晋升为国家级自然保护区,主要保护对象为高山、高原生态系统。保护区还具有丰富的水能资源,光能资源,风能资源,以及由独特的生物地理特征、奇特的自然景观和悠久的民族文化、大量的历史遗迹构成的重要旅游资源。珠穆朗玛峰国家级保护区的科学价值无法估量,是研究高原生态地理、板块运动和高原隆起以及环境科学、社会科学等学科的宝贵研究基地。

图4.5　珠穆朗玛峰国家级自然保护区(http://www.xzly.gov.cn/shengtai/shengjing/zr)

(2)青海可可西里国家级自然保护区。青海可可西里国家级自然保护区位于青海省玉树藏族自治州西部，总面积 450 万 hm^2，是 21 世纪初世界上原始生态环境保存较好的自然保护区之一(图 4.6)，也是中国建成的面积最大、海拔最高、野生动物资源最为丰富的自然保护区之一。青海可可西里国家级自然保护区主要是保护藏羚羊、野牦牛、藏野驴、藏原羚等珍稀野生动物及其栖息环境。“可可西里”蒙古语意为“青色的山梁”，藏语称该地区为“阿钦公加”。可可西里地区气候严酷，自然条件恶劣，人类无法长期居住，被誉为“世界第三极”“生命的禁区”。正因为如此，给高原野生动物创造了得天独厚的生存条件，成为“野生动物的乐园”。

图 4.6 青海可可西里国家级自然保护区

(http://lcj.qinghai.gov.cn/ztzl/zxzt/qhygjgywztdzrbhd/zrbhq2/gjjzrbhq/content_7048)

(3)喀纳斯国家级自然保护区。喀纳斯又名哈纳斯，蒙古语意为“美丽而神秘”，喀纳斯国家级自然保护区位于中国新疆维吾尔自治区布尔津县北部、阿尔泰山西段。该自然保护区于 1980 年建立，面积 55.88 万 hm^2，其中绝对保护区面积 18.85 万 hm^2，禁猎区面积 37.03 万 hm^2，是中国唯一的北冰洋水系流域区，也是唯一的古北界欧洲-西伯利亚动植物分布区。该自然保护区以喀纳斯湖为中心，主要保护野生动物及其生态环境(图 4.7)。

(4)神农架国家级自然保护区。神农架国家级自然保护区(图 4.8)总面积 70 467hm^2，地处大巴山系与武当山系之间，主峰大神农架海拔 3052m，素有“华中屋脊”之称。区内植被以亚热带成分为主，兼有温带和热带成分，并具有明显的垂直地带性。神农架自然保护区是国内各动植物区系汇集的地区，同时也是我国特有属的分布中心之一。高等植物有 1919 种，其中国家重点保护植物有珙桐、水青树等 17 种。药用植物有 1200 多种，陆生脊椎动物有 500 多种，国家重点保护动物有金丝猴、小熊猫等 15 种，神农架特有物种有神农香菊等 10 多种。近年来，神农架多次发现有“白熊”“白金丝猴”等白化动物，引起中外科学家的高度重视。此外，神农架奇丽的自然景观、丰富的生物资源和浓厚的神秘色彩，是生态旅游和探险旅游的胜地。

图 4.7　喀纳斯国家级自然保护区(http://www.forestry.gov.cn/search/1757)

图 4.8　神农架国家级自然保护区(http://www.snj.gov.cn/lqgk/lyjd/202202/t20220228_4015607.html)

(5)卧龙国家级自然保护区。卧龙国家级自然保护区(图 4.9)位于中国四川省汶川县西南部,邛崃山脉东翼。最高峰为西南的四姑娘山,海拔 6250m,附近高于 5000m 的山峰有 101 座。群山环抱,地势从西南向东北倾斜,溪流众多。年平均气温为 8.9℃,最高温度为 29.2℃,最低温度为−8.5℃,年降水量 931mm。原始森林茂密,地处四川盆地与青藏高原过渡带,从亚热带到温带、寒带的生物均有分布。海拔 1600m 以下为常绿阔叶林;1600～2000m 为常绿落叶阔叶混交林带,常绿树有萤青冈、印叶钓樟,落叶树有水青树、山毛榉、槭等;2000～

2600m 为针阔混交林，以铁杉为主，其次为垂枝云杉、四川红杉、槭、椴等；2600～3600m 为亚高山针叶林带，以岷江冷杉为主，林下有大面积箭竹；3500m 以上为高山草甸和灌丛。不同类型的植被为多种动物提供了栖息场所。1963 年建立自然保护区，面积 2 万 hm^2。1983 年加入国际“人与生物圈计划”。主要保护对象是大熊猫等珍稀动物及森林生态系统。保护区内有各种植物 3000～4000 种，有四川红杉，金钱槭等珍贵植物；有各种兽类 50 多种，鸟类 300 多种，属国家保护的珍贵动物高达 29 种。卧龙国家级自然保护区已被列为联合国国际生物圈保护区，设有大熊猫研究中心和大熊猫野外生态观察站。

图 4.9　卧龙国家级自然保护区(http://www.wolongpanda.com.cn/index.php/shows/14/243.html)

(6)梵净山国家级自然保护区。梵净山国家级自然保护区(图 4.10)位于贵州省东北部的江口、松桃、印江 3 县交界处，保护区地理坐标为东经 108°45′55″—108°48′30″，北纬 27°49′50″—28°1′30″。保护区总面积 4.19 万 hm^2，1978 年确定为国家级自然保护区。保护区主要以亚热带森林生态系统和黔金丝猴、珙桐等珍稀动植物为保护对象。截至 2014 年，保护区已知野生动物种类近 3000 种，其中兽类 69 种，鸟类 191 种 4 亚种，两栖爬行类 75 种，鱼类 48 种，陆栖寡毛类 211 种，昆虫类 2000 余种。列为国家保护的野生动物有 35 种，其中国家一级保护动物有黔金丝猴、豹、白颈长尾雉等 6 种，国家二级保护动物有大鲵、穿山甲、猕猴、黑熊、红腹角雉等 29 种。黔金丝猴是新近纪遗留下来的中国特产动物，野外种群数量只有 750 只左右，仅分布在梵净山国家级自然保护区内，是中国特产的 3 种金丝猴中种群数量最少、分布最窄、濒危度最高的一种，被《濒危野生动植物物种国际贸易公约》列为濒危度最高级别保护动物，是世界的“瑰宝”。

图 4.10 梵净山国家级自然保护区(https://www.fanjingshan.cn/news/1/)

(7)鼎湖山国家级自然保护区。鼎湖山国家级自然保护区位于广东省著名的旅游城市——肇庆市东北郊,因地球上北回归线穿过的地方大都是沙漠或干草原,所以鼎湖山又被中外学者誉为“北回归线上的绿宝石”,与丹霞山、罗浮山、西樵山合称为广东省四大名山。鼎湖山面积为 1133hm^2,拥有非常丰富的动植物资源。最高处的鸡笼山海拔为 1 000.3m,从山麓到山顶依次分布着沟谷雨林、常绿阔叶林、亚热带季风常绿阔叶林等森林类型。而保存较好的南亚热带森林典型的地带性常绿阔叶林是有 400 多年历史的原始森林。鼎湖山因其特殊的研究价值闻名海内外,被誉为华南生物种类的“基因储存库”“活的自然博物馆”。这里有野生高等植物 1843 种,栽培植物 535 种,其中珍稀濒危的国家重点保护植物 23 种,以鼎湖山命名的植物有 30 种。鼎湖山丰富的植物和多样的生态为动物提供了充足的食源和良好的栖息环境。这里的动物种类和数量较多,有鸟类 178 种,兽类 38 种,其中国家保护动物 15 种。鼎湖山国家级自然保护区不仅是我国第一个自然保护区,也是第一批加入“人与生物圈计划”的 3 个自然保护区之一。

(8)江苏盐城湿地珍禽国家级自然保护区。江苏盐城湿地珍禽国家级自然保护区(图 4.11)又称盐城生物圈保护区(简称盐城保护区),位于盐城市区正东方向 40km 处,地跨响水、滨海、射阳、大丰、东台 5 个县(市),最近的城镇为射阳县盐东镇。歌曲《一个真实的故事》就发生在这里。保护区主要保护丹顶鹤等珍稀野生动物及其赖以生存的滩涂湿地生态系统。保护区是挽救一些濒危物种(如丹顶鹤、黑嘴鸥、獐、震旦鸦雀等)的最关键地区。每年来此地越冬的丹顶鹤达千余只,占世界野生种群的 50%左右;有 3000 多只黑嘴鸥在区内繁殖;近 1000 只獐生活在保护区滩涂。该保护区还是连接不同生物界区鸟类的重要环节,是东北亚与澳大利亚候鸟迁徙的重要停歇地,也是水禽的重要越冬地。每年春季和秋季有300余万只岸鸟迁飞经过盐城,有近百万只水禽在保护区越冬。保护区还是我国少有的高濒危物种地区之一,已有29种物种被列入世界自然资源保护联盟的濒危物种红皮书中。

图4.11 江苏盐城湿地珍禽国家级自然保护区(http://yczrbhq.com/Crane.asp? id=61)

(9)西双版纳国家级自然保护区。西双版纳国家级自然保护区(图4.12)位于云南省南部西双版纳傣族自治州景洪、勐腊、勐海3县境内,总面积2 420.2km²。它的热带雨林、南亚热带常绿阔叶林、珍稀动植物种群,以及整个森林生态都是无价之宝,是世界上唯一保存完好、连片大面积的热带森林,深受国内外瞩目。保护区内交错分布着多种类型的森林。森林植物种类繁多,板状根发育显著,木质藤本丰富,绞杀植物普遍,老茎生花现象较为突出。区内有8种植被类型,高等植物有3500多种,约占全国高等植物的1/8。其中,被列为国家重点保护的珍稀、濒危植物有58种,占全国保护植物的15%。区内用材树种816种,竹子和编织藤类25种,油料植物136种,芳香植物62种,鞣料植物39种,树脂、树胶类32种,纤维植物90多种,野生水果、花卉134种,药用植物782种。西双版纳国家级自然保护区是中国热带植物集中的遗传基因库之一,也是中国热带宝地中的珍宝。

(10)鸡公山国家级自然保护区。鸡公山国家级自然保护区(图4.13)位于河南省南部信阳市境内的豫鄂两省交界处。地理坐标为东经114°01′—114°06′,北纬31°46′—31°52′,面积2917hm²,东西方以桐柏山脉和大别山脉为邻,山水相连,为亚热带向南温带的过渡地段,地处中国南北的分水岭,主要保护对象为亚热带森林植被过渡类型及珍稀野生动植物。以“云中公园”而闻名中外的鸡公山国家级自然保护区,是中国四大避暑胜地之一,鸡公山上的万国建筑别墅群被称为世界建筑高山集萃、万国建筑博物馆。植被属于泛北极植物区、中国-日本森林植物亚区的华中植物区系范围,以亚热带植物成分为主,兼有暖温带的成分。植被地带性

图 4.12　西双版纳国家级自然保护区(http://lcj.yn.gov.cn/html/2020/xishuangbanna_0629/55993_3.html)

表现出典型的由北亚热带常绿阔叶林与落叶阔叶林地带向暖温带落叶阔叶林地带过渡的特征,是多种区系成分的交会带。保护区内森林茂密、生物资源丰富,为河南省生物物种最丰富的区域之一,区内植物 251 科 915 属 2260 种,其中维管束植物 193 科 784 属 2036 种。陆生脊椎动物 28 目 69 科 258 种,其中两栖动物 15 种,爬行动物 28 种,鸟类 170 种,兽类 45 种。列为国家重点保护的植物有 10 余种,动物 29 种,其中鸟兽 27 种,两栖爬行类 2 种。区内国家重点保护动植物有大鲵、长尾雉、香果树等。

图 4.13　鸡公山国家级自然保护区(http://www.fnrrc.com/chinese/zrbhq/showcolumns.asp? ID=359)

2. 省级、地方级自然保护区

在中国，自然保护区可以按照管理层级分为省级自然保护区和地方级自然保护区。省级自然保护区是指在中国各省级行政区域内设立的具有自然保护、生物多样性保护和生态环境修复功能的特定地区。其设立目标主要是为了保护珍稀濒危物种、维护生态平衡和推动可持续发展。这些保护区可能包括陆地生态系统、湿地、山岳地区、河流流域等不同类型的生态环境。地方级自然保护区是在中国各个地方政府行政区域内设立的自然保护区。这些保护区主要由地方政府负责规划、划定和管理，旨在保护特定地区的生态环境、物种多样性和自然资源。不同地方级自然保护区的规模和范围可以根据当地实际情况而有所差异，可能包括山岳地区、湿地、水体流域、森林等不同类型的生态系统。这两种级别的自然保护区都具有重要的保护功能。它们在保护自然资源、生物多样性和生态环境方面起到了重要的作用，也为科研、教育、旅游等提供了基础设施和条件。下文以八卦山和大沙河两个省级自然保护区为例展开介绍。

(1)八卦山省级自然保护区。湖北八卦山省级自然保护区(图4.14)位于竹溪县西南部的泉溪镇，距离竹溪县城57km。保护区内群山环抱，森林覆盖率达95.6%，空气质量好，负氧离子高。保护区内有万江河、石板河、五道河三大水系，经汉江最大支流堵河注入丹江口水库，成为“一江清水送北京”的重要水源涵养区。保护区境内沟壑纵横，“万江一瀑”位于万江河附近海拔900多米的高山之上，主瀑高70多米，上端宽15m，下端宽25m左右，两岸树木葱茏，瀑布秀丽而又壮观。顺瀑布而下，深邃的峡谷溪流中分布着大小不一、形态万千的瀑布群，八卦山省级自然保护区属北亚热带季风性气候区，年平均气温6～16℃。日照充足，冬无严寒、夏无酷暑，生态原始、环境静谧，是首届“湖北避暑旅游目的地”候选单位之一。

图4.14　八卦山省级自然保护区(http://www.zhuxi.gov.cn/zjzx/wlzx/jq/202307/t20230721_4279393.shtml)

(2)大沙河省级自然保护区。大沙河省级自然保护区(图4.15)位于贵州省道真仡佬族苗族自治县北缘,保护区北起贵州岩,南抵乱石坎,西到向石台,东至白岩界。总面积26 990hm^2,位于东经107°21′35″—107°47′37″,北纬29°00′02″—29°13′17″,主要保护对象为珍稀濒危动植物及野生动物。1984年,建立保护区,于2001年经贵州省人民政府批准晋升为省级自然保护区,也是贵州省最早的省级湿地自然保护区。大沙河省级自然保护区是以保护珍稀濒危动植物银杉、黑叶猴为代表的野生生物类型自然保护区,截至2014年,大沙河省级自然保护区共有动植物627科2493属5801种(包括变种)。保护区是我国特有珍稀植物银杉现存分布数量较大的地方,占全国天然银杉总植株的26.4%,保护区风光是全国最丰富的地区之一。银杉是世界上300万年以前的古稀孑遗植物,被誉为林海里的"珍珠"、当今的"活化石"、植物中的"熊猫"。银杉为古老的残遗植物,具有较重要的科研价值。

图4.15　大沙河省级自然保护区(http://travel.gog.cn/system/2018/06/08/016629296.shtml)

4.3　自然保护区的功能分区

4.3.1　自然保护区的功能分区

自然保护区建立被认为是生物多样性保护的有效途径。截至2016年,我国共建立国家级自然保护区446处,地方级自然保护区2294处,形成了布局较为合理、类型较为齐全、功能比较健全的自然保护区网络,对维护生物多样性和促进可持续发展发挥了重要作用。科学合理的功能区划分是发挥自然保护区多重功能、提高自然保护区管理水平的关键。

我国目前自然保护区功能分区采用国际"人与生物圈计划"生物保护区的基本模式,即"核心区、缓冲区、实验区"三圈模式,并对各区的主要任务与保护方式作出了相关规定,从而实现生物多样性保护与可持续发展。保护区内生态系统以及珍稀、濒危动植物的分布情况是分区的关键。2008年国家林业和草原局颁布了《自然保护区功能区划技术规程》，对自然保护区功能区划的基本原则、依据、方法与功能区总体布局等做了原则性与技术性的要求，为目前自然保护区的功能区划分发挥了重要的指导作用。

4.3.1.1　核心区

核心区是保护区的核心，是最重要的地段，主要是各种原生性生态核心区间，是系统类型中保存最好的地方，是保护对象最为典型、最集中的地区。自然保护区内保存完好的天然状态的生态系统以及珍稀、濒危动植物的集中分布地，禁止任何单位和个人进入，核心区外围可以划定一定面积的缓冲区，只准开展科学研究观测活动。

4.3.1.2　缓冲区

缓冲区为核心区外围划定一定面积的区域，可以包括一部分原生性生态系统类型和由演替类型所占据的半开发的地段，只准开展科学研究观测活动。

4.3.1.3　实验区

将缓冲区外围划为实验区，可以开展科学试验、教学实习、参观考察、旅游以及驯化、繁殖珍稀、濒危野生动植物等活动。缓冲区的周围最好还要划出相当面积的保护区，可包括荒山荒地在内，最好也能包括部分原生或次生生态系统类型，主要用作发展本地特有的生物资源。

4.3.2　自然保护区的分区方法

我国自然保护区的功能区划分，经历了从人为定性划分到计算机模拟辅助决策划分的过程。早期建立的保护区，因保护区自然资源状况本底数据不足，加之保护区技术条件落后，缺乏相应的区划方法与手段，往往根据经验在图纸上进行勾绘，将保护物种常出现的地点圈为核心区，其他区域则视情况划为缓冲区与实验区，主观随意性较大。随着科学技术的发展，特别是地理信息系统、遥感等技术的发展与普及，基于计算机辅助决策的功能区划分越来越客观与合理。目前用于自然保护区功能区划的方法主要包括物种分布模型法、景观适宜性评价法、聚类分析法、最小费用距离计算法等。

4.3.2.1　物种分布模型法

珍稀物种的空间分布是功能区划分的基础，往往通过模型模拟来进行确定。物种分布模型法就是通过物种分布模型，结合研究物种的生境破碎化程度、巢域面积以及景观连接度等指标确定自然保护区功能区划分的方法。对于以珍稀濒危物种为主要保护对象的保护区，运用物种分布模型法来进行功能分区直接有效，尤其适合核心区的确定。

4.3.2.2　景观适宜性评价法

景观适宜性评价法就是根据不同景观因子对于研究物种的重要性(或影响程度)来确定

不同景观因子对研究物种的权重。然后,根据不同景观因子的权重评价各种景观因子的空间组合对物种的景观适宜性。该方法适合于野生生物类保护区的功能区划。

4.3.2.3 最小费用距离计算法

最小费用距离(least-cost distance)反映的是一种可达性,从生物保护的角度说就是指物种由“源”经过不同阻力的景观介质所耗费的费用。一个自然保护区内,物种在实验区内移动所需要克服的景观阻力最大,缓冲区其次,核心区最小。利用最小费用距离确定功能分区中3个功能区在空间上不同的阻力阈值,并最终实现功能分区的目的。此方法主要适用于野生生物类保护区的功能区划。

4.3.2.4 聚类分析法

自然保护区内的生物多样性存在空间分异现象,这也是自然保护区功能区划分的理论基础。聚类分析法是一种从数学角度分析各景观斑块的生物多样性梯度,从而划分自然保护区功能区的方法。聚类分析法适合于野生生物与生态系统类型保护区的功能分区,是目前应用较为广泛的一类分区方法。

4.3.2.5 不可替代性计算法

不可替代性是生物多样性保护规划中较新的概念,表达一个规划单元在实现整体保护目标中的重要性,能够反映生物多样性保护价值的空间分异规律,通过与人类活动干扰指数结合,可以用来实现保护区功能分区。该方法适用于野生生物及生态系统类保护区的功能区划。

4.4 自然保护区存在的问题与对策

自然资源和自然环境是人类赖以生存和促进社会发展最基础的物质条件。自然保护区的建立和有效管理是保护自然资源和自然环境的重要措施之一。发展自然保护事业,科学地开发利用自然资源,对于维护生态平衡、保护生物多样性、开展科学研究和对外合作交流、促进经济发展、丰富人民群众物质文化生活等都具有重要的意义。生物多样性作为自然资源和环境保护的重要组成部分,是人类赖以生存和发展的基础。随着世界人口的增长和经济的发展,全世界生物多样性资源正以惊人的速度减少。保护生物多样性已经成为社会关注的热点问题。协调当地社区的发展与自然保护区之间的矛盾,减少因社区的发展给保护区带来的威胁和压力,是自然保护区建设和生物多样性保护面临的主要问题。

4.4.1 自然保护区发展现状

随着国家和地方重视程度的不断增加,自然保护区的数量、种类和面积也在不断扩大,湿地生态系统、森林生态系统、草原生态系统等都得到了有效保护。就当前来说,湿地生态系统在自然保护区中所占比例达到40%,其保护效果明显改善,对保障保护区内的生物多样性等具有重要意义。但是当前自然保护区保护工作开展过程中也存在许多问题,需要相关单位加强重视,结合实际情况,选择针对性的保护方法,进一步提高自然保护区生态保护质量。

4.4.2 自然保护区存在的问题

4.4.2.1 自然保护区的过度开发

在自然保护区开发过程中,一些地区为了提高当地居民的经济收入水平,会选择通过资源的开发来实现,但这会对当地生态环境造成严重破坏,出现自然保护区过度开发的问题。目前,大部分生态保护区的居民基本上是"靠水吃水、靠山吃山",无法确保绿色发展,而且一些居民还会选择就近开采资源,就近放牧、挖药材、砍树、养殖、围湖造田等,这些都会严重破坏当地的生态环境,无法达到保护自然保护区生态环境的目的。

4.4.2.2 旅游资源开发中遇到的破坏

国家对生态环境保护给予了高度重视,越来越多的生态环境保护区及时转变思想,推动了产业转型和升级,充分发展旅游业。在此基础上,还推动了消费升级,然而在开发旅游资源过程中,提高经济收入难免会破坏自然保护区生态环境。例如,在自然保护区生态环境开展捕猎、采摘等娱乐活动等,大多数消费者对其有着浓烈的兴趣,出现破坏自然保护区生态环境的行为。甚至还有一些当地居民开展农家乐项目,肆意捕猎野生保护动物供游客食用。在旅游活动中,一些旅游人员综合素质偏低,会随意破坏花草树木,并随意丢弃垃圾。

4.4.2.3 监管力度不够,保护机制有待完善

在保护自然保护区生态环境过程中,保护区监管机构发挥着不可替代的作用,其贯穿于生态保护区的方方面面。然而部分保护区监管机构的工作人员对保护工作缺乏足够的重视,对保护区未进行必要的巡逻,无法发现其中存在的问题,从而导致问题日益扩大化。实际上,大多数保护区监管机构工作人员基本上是坐在办公室里开展工作,甚至还有一些地区的工作人员对居民的违法行为放任不管。同时,保护区监管机构对危害保护区的行为缺乏惩罚,无法发挥威慑作用,导致自然保护区生态环境保护工作形同虚设。此外,部分自然保护区坐落于偏远山区,当地居民传统生活观念强烈,不可避免地会与保护区监管机构产生冲突,可能会引发严重的生态环境破坏问题。

自然保护区作为生态文明建设的重要组成部分,对推动实现国家发展目标具有重要意义。从实际情况出发,结合自然保护区特点,制定针对性的保护方案,保障最终的保护效果。

4.4.3 自然保护区生态保护的有效途径

4.4.3.1 建立健全生态系统监测机制

自然保护区工作人员数量有限,工作量大,管理效果也会有所下降,不利于自然保护区生

态保护工作合理开展。为此，一是可以结合需要引入生态系统监测机制，实现对全区域的有效监控。在该方式下，一个工作人员可以同时关注多个区域的生态环境变化，技术人员还可以改良该监测机制，在自然保护区内出现明显问题时，系统可以自动报警，工作人员在警报指引下，找到保护区内出现的问题，并启动紧急处理机制，及时解决问题，有效提高生态保护区保护质量。二是结合生态保护区的环境特点和生物多样性特征等，在相对隐蔽的位置安装一定数量的监视器，在远程系统的帮助下，监测保护区内的生物活动，获得更多的生物研究资料。三是监测机制还应包含对生态系统中水、空气和土壤等的检测，设置规范化的指标与其进行对比，综合当地的水文环境和地质环境等多方面因素对比分析，出现问题时，及时向相关负责人汇报，继而采取针对性的措施对其进行处理，保障环境保护质量。自然保护区工作人员在工作过程中，要加强对监测功能应用的重视，关注外来物种入侵等问题，结合保护区的生态环境，建立综合性的生态保护档案，为后续工作合理开展提供支撑，保障自然保护区整体质量。

4.4.3.2 科学划分保护区区域

结合自然保护区工作人员数量和国内实际情况，从不干预自然保护区生物生长角度出发，将科学研究和生态保护结合起来，对自然保护区进行分类，在不同区域采取针对性的保护措施，保障保护区生态保护质量。一般来说，主要将其划分为核心区、研究用的缓冲区、生态开发的试验区 3 个部分。核心区以综合保护为重点，尽可能规避人类活动。缓冲区主要应用于科学研究领域，该区域的人类活动以科研为主，可以为科学家研究提供多样化的样本，推动科研工作顺利开展。在最外沿的试验区，结合实地情况，开展多样化的教学实习和观察活动，地方单位也可以结合实际情况，开放部分区域作为旅游景点，用来增加地方经济收入。通过科学划分自然保护区，有效减少生态保护中出现的问题，打造综合性强的自然保护区。

4.4.3.3 保护生物多样性

在经济发展过程中，人类活动在一定程度上破坏了生物的生长空间，许多珍稀生物只有在自然保护区中才能得以生存延续。为此，自然保护区生态保护工作开展过程中必须加强对生物多样性保护工作的重视，从科研和保护等多角度出发开展保护工作。首先，加强对生态保护区环境保护的重视，结合生物生长特点，制定针对性的保护政策，减少因环境变化对其生长造成的影响。同时，地方政府也应加强对生态保护区周边环境的重视，严禁工厂排放污染物质，通过法律规范地方村民等减少乱砍滥伐等违法行为。其次，针对存量相对较少的珍稀动物，地方保护单位应当安排专家监测其生长状态和相关指标，必要时通过人为干预的方式对珍稀动物进行培养，帮助其繁衍生息。最后，加强对生物多样性保护立法工作的重视，尽可能维持生态系统平衡。

4.4.3.4 合理开展生态旅游

生态保护区保护需要耗费巨大的人力、物力和财力，这对地方政府工作提出了较高要求。

生活中,常有好奇心较强的群众探索自然保护区,可能会对当地生态环境造成影响。为此,地方政府可以结合生态保护区实际情况,在试验区打造特色化的生态旅游景点,满足群众的好奇心和观赏要求,还可以实现地方经济创收的目的,为生态保护区保护提供更多的资金,打造良性循环。但在生态旅游建设初期,相关单位仍然要加强对生态保护的重视,尽可能在保护生态环境的基础上开展开发建设工作,将生态旅游范围控制在合理范围内,安排专业性强的工作人员对其进行监督,保证后续工作以合理的方式开展。当发现生态旅游过程中对当地生态环境造成了较大影响时,应通过限制游客数量等方式进行调整,必要时还应强制关闭景区,保证生态保护质量。

4.4.3.5 尽可能争取多方面支持

仅依靠地方政府和相关单位开展自然保护区生态保护工作压力较大,为了获取足够的资金,相关单位可以多角度出发,为生态保护工作争取支持。首先,地方政府可以向中央相关单位申请资金,合理规划地方财政支出,发挥政府在生态保护方面的作用。其次,向企业寻求帮助,结合企业研发要求等,与企业构建合作关系,获得企业的生态保护资金支持。最后,生态保护区及相关单位可以加强与社会大众之间的联系,在向专业性生态保护组织寻求帮助的同时,组织多样化的活动,调动社会大众的生态保护积极性,获得社会大众的生态保护资金支持。通过各方面共同努力,逐渐搭建政府主导多方参与的生态保护机制,还可以将经济发展和生态保护联系起来,打造良好的发展循环,对提高自然保护区生态保护质量具有重要意义。

自然保护区的生态保护工作已经取得了极大成效,但在保护工作开展过程中仍存在一定问题,相关单位必须加强管理,结合实际情况引入资金,合理开展自然保护区区域规划工作,逐渐提高自然保护区生态保护质量。

4.4.4 自然保护区相关立法

随着国家经济发展和人民生活水平的普遍提高,资源安全、环境安全问题逐渐成为国家关注的问题,而舒适的生活环境以及永续发展的生存环境成为民众关注的对象,自然保护区作为自然生态系统和生物多样性保护的主要形式,已经成为国家恢复生态安全的重要途径。《中华人民共和国自然保护区条例》(1994 年)是第一个专门针对自然保护区制定的相关条例规定,成为自然保护区发展的基石,但是由于当前行政管理体系及社会经济结构存在的矛盾,没有明确具体的自然保护区生态环境保护责任主体、权责及具体管理举措。现阶段,中国约有 37%的自然保护区无专门管理机构。除此之外,相关的法规还包括《森林和野生动物类型自然保护区管理办法》(1985 年)、《中华人民共和国陆生野生动物保护实施条例》(1992 年)、《中华人民共和国野生植物保护条例》(1997 年)等。中国现代意义上的自然保护区建设和立法的基本历程大概可以分为 3 个阶段。

1. 第一阶段:自然保护区法律制度创建时期(1956—1966 年)

在此期间,中国建设自然保护区刚刚开始,只有一些较低层次的立法规定和规范性文件介绍，相关立法也正处于酝酿阶段。“请政府在全国各省（自治区、直辖市）划定天然林禁伐区，保护自然植被以供科学研究的需要”的提案在1956年第一届全国人民代表大会第三次会议上提出，被认为是我国自然保护区建设的开端。此后又制定了一些相关的规范性文件，如1962年9月国务院发出关于积极保护和合理利用野生动物资源的指示等。在此期间，自然保护区的立法只是开始，正式规定不多，缺乏一定的科学性，但提出的一些基本原则和要求也发挥了一定的指导作用，奠定了良好的基础。

2. 第二阶段：自然保护区法律制度缓慢发展时期（1966—1977年）

在此期间，中国的法律制度承受了前所未有的打击和破坏，中国的自然储备立法也处于相对停滞状态。20世纪70年代后，环境问题的出现以及经济发展的需要，中共中央国务院开始关注环境保护问题，开始认识到自然保护区对生态系统保护的重要性，自然保护区的立法及相关制度被提上日程，因此有一个更好的转向。在此阶段，国家结合经济发展与资源环境保护需求，制定了一系列关于自然保护区的法规和其他规范性文件，例如国务院1973年11月13日颁布的《关于保护和改善环境若干规定（试行草案）》等。但总的来说，这一时期我国的自然保护区立法没有任何实质上的进展。

3. 第三阶段：自然保护区法律制度迅速发展时期（1978年至今）

1978年我国修改了《中华人民共和国宪法》，我国的自然保护区建设和法律规定进入了迅速发展时期。在这一时期所制定的行政法规和规章主要有《关于加强自然保护区管理、区划和科学考察工作通知》（1979年10月）、《森林和野生动物类型自然保护区管理办法》（1985年7月林业部公布）、《中华人民共和国自然保护区条例》（1994年国务院发布）、《海洋自然保护区管理办法》（1995年5月）、《中华人民共和国水生植物和自然保护区管理办法》（1997年10月农业部发布）等。《中华人民共和国自然保护区条例》中对自然保护区的保护、建设、管理等做了全面的规定，是关于保护及管理自然保护区的综合性法规，为建立当前自然保护区法律体系奠定了坚实的基础。我国的《中华人民共和国环境保护法》《中华人民共和国森林法》也是这一时期颁布的，这些法律均对自然保护区的保护做了规定。另外，还有一些地方性法规和行政规章，如《广西壮族自治区水源林动植物自然保护区管理条例（试行）》（1983年）、《吉林省左家自然保护区管理办法》（1984年）等。这一时期自然保护区的立法工作相较之前来说有了进一步的发展，可以说自然保护区立法进入了新的阶段，相应的自然保护区的法律保护得到了加强，地位得到了提高。截至目前，中国将《中华人民共和国自然保护区条例》作为基本法，地方法规作为相关国际公约的重要组成部分，来补充完善基本法律制度。

4.4.4.1　自然保护区的国家立法

从国家立法层面来看，《中华人民共和国自然保护区条例》是专门针对自然保护区的立法，除此之外，还有3部管理办法，分别为《中华人民共和国水生植物自然保护区管理办法》《海洋自然保护区管理办法》《森林和野生动物种类自然保护区管理办法》。这3部管理办法是对条例的进一步细化，是我国自然保护区法律体系的重要组成部分。

1. 自然保护区的行政法规

1994 年通过的《中华人民共和国自然保护区条例》是我国第一部关于自然保护区保护的法规，开创了新纪元，成为我国自然保护区管理的法律依据。《中华人民共和国自然保护区条例》分为 5 章 44 条，包括总则、自然保护区的建设、自然保护区的管理、法律责任和附则等。其中，第一章总则共9 条，规定了自然保护区条例的立法目的、范围，自然保护区管理体制以及职责分工、规范奖励机制；第二章自然保护区建设共 9 条，规定了自然保护区分级、申报与审批权限、范围界线和命名等，并对自然保护区的核心区、缓冲区、实验区划分进行了界定；第三章自然保护区的管理共 15 条，规定了自然保护区管理的规范标准制定、监督检查、管理权限划分、管理结构职责、经费管理以及核心区、缓冲区、实验区中禁止活动的规定，旅游规定和突发事件管理等；第四章法律责任共 8 条，对前述条款中的禁止性规定对应的法律责任进行规定。该条例在一定程度上提高了中国自然保护区的法律地位，并且能够促进自然保护区的发展。

2. 自然保护区的管理办法

在自然保护区相关规定中有关于不同类型自然保护区的管理办法。首先，以下管理办法保护了 4 种自然保护区，具体为《森林和野生动物保护区管理办法》《地质遗迹管理条例》《海洋自然保护区管理办法》《水利和植物自然保护区管理办法》。其次，1995 年 7 月，国家土地局和国家环境保护局联合发布了自然保护区内唯一的土地立法——《自然保护区土地管理办法》，在土地利用、转让、销毁等方面做了详细规定。为了更新自然保护区体系水平，《国家级自然保护区监督检查办法》(2006 年 10 月 18 日国家环境保护总局)颁布实施，成为自然保护区的保护和管理有关的最新规定，环保部门还将对国家自然保护区进行专项检查、现场检查、定期检查和项目调查执法检查，对违法项目进行严格管理。此外，还有一些法律文件通知也是自然保护区部门规章的重要组成部分，如《中国自然保护区发展规划纲要(1996—2010 年)》(1997 年 11 月国家环保局发布)、《国务院办公厅关于进一步加强自然保护区管理工作的通知》(1998 年 8 月 4 日国务院办公厅颁布)等为自然保护区发展提供了一些纲领性指导。

4.4.4.2　自然保护区的地方立法

目前我国部分省份已经具有针对自然保护区地方性法规的建设，可以分为省级地方立法、部门规章实施细则、重点自然保护区管理办法、地方行政规章 4 种类型。一是省级地方性法规，各省级人民代表大会及常务委员会参照《中华人民共和国自然保护区条例》制定的本省地方性法规，如《海南省自然保护区条例》《云南省自然保护区管理条例》《吉林省自然保护区条例》《浙江省自然保护区管理办法》《四川省自然保护区管理条例》等；二是各省(自治区、直辖市)针对国务院各部委的部门规章制定的实施细则,使国务院各部委的部门规章实施更加完善;三是各省(自治区、直辖市)针对特定的自然保护区制定的相应的管理办法,如《广东省自然保护区建设管理办法》《甘肃祁连山国家级自然保护区管理条例》《福建武夷山国家级自然保护区管理办法》《吉林长白山国家级自然保护区管理条例》等,便于特定资源的管理和保护;四是地方行政规章。总的来说,目前我国有部分省份已经开展了自然保护区的相关立法,为辖区内自然资源、生态系统和生物多样性保护等提供了法律支撑,但是,受经济发展水平、技术水平等影响,地方性法规体系尚不完善,各省(自治区、直辖市)还应从各自自然保护区现状及需求出发,建设相关地方性法规,为地方自然保护区建设提供法律基础。

4.4.4.3 我国缔结的自然保护区条约

中国自20世纪80年代以来积极参与各种国际保护行动,并签署了一些国际公约、多边协定和双边协定。其中,国际公约包括《生物多样性公约》《湿地公约》《保护世界文化和自然遗产公约》《濒危物种公约》。国际公约的签署为自然保护区建设的国际交流奠定基础。双边协定是就自然资源保护或关联的生物多样性保护达成的双边协定,具体有《关于继续开展大熊猫合作研究谅解备忘录》《中华人民共和国和澳大利亚政府保护候鸟及其栖息环境的协定》《中华人民共和国和日本国政府保护候鸟和栖息环境的协定》。与周边国家的协定有《关于建立中、蒙、俄共同自然保护区的协定》《中华人民共和国和蒙古人民共和国政府关于保护自然环境的合作协定》等。

总体而言,我国自然保护区立法的特点主要包括以下几个方面:①条例具有一定的针对性,部分地区为特定自然保护区进行地方性立法;②其他法律法规中对自然保护区保护进行了相关规定;③地方自然保护区的立法尚且存在一些问题,例如自然保护区管理的立法水平低、自然保护区条例的可操作性差、自然保护区管理体系不合理、自然保护区法律体系不完善等。为了进一步规范自然保护区相关立法,国家及地方相关立法部门应该结合经济社会发展与资源环境现状进行相关立法,规范人们利用自然和保护环境的行为,为自然生态系统的保护奠定基础。

习题与思考题

1.世界上第一个自然保护区在哪里?

2.我国的自然保护区发展分为几个阶段,每个阶段的特点是什么?

3.请简述自然保护区的概念。

4.我国第一个自然保护区是何时成立的?是在哪里成立的?

5.我国的自然保护区是如何分类的?

6.简述我国自然保护区区域划分的几个模式。

7.自然保护区功能分区主要方法有哪几种?

8. 自然保护区的价值主要有哪些?

9. 简述自然保护区发展的现状。

10. 简述自然保护区目前存在哪些不足。

11. 对自然保护区的开发与保护的矛盾,你有什么好的建议与决策?

12. 浅谈我国自然保护区立法制度主要分为几个阶段。

13. 我国自然保护区立法的特点有哪些?

5 自然公园

自然公园通常拥有丰富多样的生物群落、独特的地理景观和重要的自然遗产。自然公园包括了山脉、森林、湖泊、河流、海岸线、珊瑚礁等各种自然元素。这些地区被保护起来,以确保原始生态系统得以保持,物种得到保护,并且对人类社会具有重要意义。自然公园在保护方面采取了多种措施,包括限制开发、控制人类活动、实施保护政策和法规等。同时,它们也提供了许多机会供人们进行户外活动与休闲娱乐,如徒步旅行、摄影、观鸟、野生动植物观察等。人们可以通过参观自然公园,亲身体验大自然的美妙之处,增强对自然环境的认识和保护意识。自然公园在生态旅游方面也起到重要的作用,吸引着大量的游客。

5.1 自然公园概述

5.1.1 基本概念

自然公园是以生态保育为主要目的,兼顾科研、科普教育和休闲游憩等功能而设立的自然保护地,通常具有典型性的自然生态系统、自然遗迹和自然景观,或与人文景观相融合,具有生态、观赏、文化和科学价值,在保护的前提下可供人们游览或者进行科学、文化活动。国际上一般认为,自然公园是一个通过长期规划用于景观保护、可持续利用资源和开展农事等活动的区域,旨在让有价值的资源、景观等处于原生状态,促进旅游等价值的实现。自然公园可以是特定自然保护地的名称,也可以是各类自然保护地类型的总称。如森林公园、湿地公园、风景名胜区、雨林自然公园、大象自然公园等。实践表明,自然公园以生态环境、自然资源保护和适度旅游开发为基本策略,通过较小范围的适度开发实现大范围的有效保护,既达到了保护生态系统完整性的目的,又为公众提供了旅游、科研、教育、休闲的机会和场所,是实现将绿水青山转化为金山银山的有效途径。

中共中央办公厅、国务院办公厅于 2019 年 6 月印发的《关于建立以国家公园为主体的自然保护地体系的指导意见》中指出,自然公园是指保护重要的自然生态系统、自然遗迹和自然景观,具有生态、观赏、文化和科学价值,可持续利用的区域。确保森林、海洋、湿地、水域、冰川、草原、生物等珍贵自然资源,以及所承载的景观、地质地貌和文化多样性得到有效保护。包括森林公园、地质公园、海洋公园、湿地公园、沙漠公园、草原公园等各类自然公园。其中,国家级森林公园902处，国家级海洋公园67处，国家级湿地公园899处，国家级沙漠（石漠）公园120处（图5.1），国家级风景名胜区244处。

图5.1 湖南桃源老祖岩国家石漠公园(http://www.hpa.net.cn/)

5.1.2 自然公园特征

5.1.2.1 一般特征

自然公园是自然保护地体系的重要组成部分。几乎所有国土面积大一些的国家都不仅有单一的自然保护地形式，而是构建一个系统分类分级的自然保护地体系。世界各国的自然保护地体系构成都有所不同，例如，美国的自然保护地系统由8类7个部门管理，每类中又分不同的小类，如国家公园大类中包括20个类型。加拿大、俄罗斯自然保护地体系相对简单，仅3～4类，主要以国家公园、自然保护区和国家禁猎区（庇护所）为主。但这些国家都具有从严格保护的自然原始区域到可以提供人们休闲游憩的可持续利用的区域，以满足不同需求和管理目标。一些国家设立了自然公园或者虽没有冠以自然公园名称但相当于自然公园性质的自然保护地，作为区别于严格保护区的一种自然保护地类型，成为自然保护地体系的重要组成部分。IUCN自然保护地分类体系中没有自然公园这一称谓，但有与之含义类似的保护地类型。事实上，许多国家都设立了自然公园，并纳入自然保护地治理体系中受到法律法规的有效保护和管理。

5.1.2.2 典型特征

自然公园具有自然保护地的共同特点，又与国家公园和自然保护区相区别。与国家公园大面积大尺度综合性严格保护和自然保护区较大面积的高强度保护的突出特点有所不同，自然公园实行重点区域保护，主要用于保护特别的生态系统、自然景观和自然文化遗迹，开展自然资源保护和可持续利用，面积相对较小，分布更广泛，是人类和自然长期相处所产生的特点鲜明的区域，可以是保护生态系统和栖息地、文化价值和传统自然资源管理系统的区域，也可以是保护某一特别自然历史遗迹所特设的区域，具有重要的生态、生物、风景、历史或文化价值。自然公园大部分区域处于自然状态，其中一部分处于可持续自然资源管理利用之中，在保护的前提下，允许开展参观、游览、休闲娱乐和资源可持续利用活动，资源非消耗性利用与自然保护相互兼容，还可以通过非损伤性获取利益，改善当地居民生活。自然公园是开展生态保护、环境教育、自然体验、生态旅游和社区发展的最佳场所。

5.1.2.3 符合自然公园特征的现有自然保护地

改革开放40多年来，我国建立了风景名胜区、森林公园等符合自然公园特征的各级各类自然保护地，主要有以下9类。

(1)风景名胜区：是指具有观赏、文化或者科学价值，自然景观、人文景观比较集中，环境优美，可供人们游览或者进行科学、文化活动的区域。主要功能是严格保护景观和自然环境，保护民族民间传统文化，开展健康有益的游览观光和文化娱乐活动，普及历史文化和科学知识。依据《风景名胜区条例》进行管理。

(2)地质公园：是指以具有特殊的科学意义、稀有的自然属性、优雅的美学观赏价值，具有一定规模和分布范围的地质遗迹景观为主体，融合自然景观与人文景观，以地质遗迹保护，支持当地经济、文化和环境的可持续发展为宗旨，为人们提供具有较高科学品位的观光旅游、度假休闲、保健疗养、科学教育、文化娱乐的场所。主要功能是保护地质遗迹，普及地学知识，营造特色文化，发展旅游产业，促进公园所在地区社会经济可持续发展。依据《地质遗迹保护管理规定》进行管理。

(3)森林公园：是指森林景观优美，自然景观和人文景物集中，具有一定规模，可供人们游览、休息或进行科学、文化、教育活动的场所。主体功能是保护森林风景资源和生物多样性，普及生态文化知识，开展森林生态旅游。依据《森林公园管理办法》《国家级森林公园管理办法》进行管理。

(4)湿地公园：是指以保护湿地生态系统、合理利用湿地资源为目的，可供开展湿地保护、恢复、宣传、教育、科研、监测、生态旅游等活动的特定区域。主要功能是保护湿地生态系统，合理利用湿地资源，开展湿地宣传教育和科学研究，并可供开展生态旅游等活动。依据《湿地保护管理规定》《国家湿地公园管理办法》进行管理。

(5)沙漠公园：是指以典型性和代表性沙漠景观为主体，以保护荒漠生态系统为目的，在促进防沙治沙和保护生态功能的基础上，合理利用沙区资源，开展公众游憩休闲或进行科学、文化、宣传和教育活动的特定区域。主要功能是保护荒漠生态系统，合理利用沙漠资源，开展公众游憩休闲或进行科学、文化、宣传和教育活动。依据《国家沙漠公园试点建设管理办法》进行管理。

(6)海洋特别保护区(海洋公园)：是指具有特殊地理条件、生态系统、生物与非生物资源及海洋开发利用特殊要求，需要采取有效的保护措施，以科学的开发方式进行特殊管理的区域。严格保护珍稀、濒危海洋生物物种和重要的海洋生物洄游通道、产卵场、索饵场、越冬场和栖息地等重要生境，开展生态养殖、生态旅游、休闲渔业、人工繁育等。依据《海洋特别保护区管理办法》进行管理。

(7)水利风景区：是指以水域(水体)或水利工程为依托，具有一定规模和质量的风景资源与环境条件，可以开展观光、娱乐、休闲、度假或科学、文化、教育活动的区域。以培育生态，优化环境，保护资源，实现人与自然的和谐相处为目标，强调社会效益、环境效益和经济效益的有机统一。依据《水利风景区管理办法》进行管理。

(8)城市湿地公园：是一种独特的公园类型，是指纳入城市绿地系统规划的、具有湿地生态功能和典型特征的，以生态保护、科普教育、自然野趣和休闲浏览为主要内容的公园。能供人们观赏、游览，开展科普教育和进行科学文化活动，具有较高的保护、观赏、文化和科学价值。依据《城市湿地公园管理办法》进行管理。

(9)草原风景区(草原公园)：是指可供旅游、观光、度假、疗养，具有观赏价值的草原区域，包括山地草原、河谷草原以及面积在30亩以上的林间草地和草地类自然保护区。依据地方政府制定的草原风景区管理办法进行管理。

以上都具有自然公园的典型特征，也符合按资源分类、按部门设置、按地方申报的时代特征。在建立国家公园体制进程中，一部分将会被整合进入国家公园，其余的大部分都可以保留并优化整合为自然公园类。

5.1.3　自然公园的整合优化

开展自然保护地整合优化、科学划定生态保护红线，牢固树立“保护优先、绿色发展”的理念，是生态文明建设的重要内容，是党中央作出的重大决策部署。自然保护地整合优化要对生态保护红线、自然保护地范围等情况开展摸底调查，实事求是、科学精准合理确定任务范畴，确保方向不偏。同时要统筹考虑各地保护地管理的实际情况，协调解决历史矛盾、区域补入和规划衔接等问题。做到与第三次全国国土调查成果数据衔接，与各种矿业权数据衔接，与国土空间规划衔接，与重大工程等规划衔接，与近年来环境保护督察、绿盾行动及其他执法行动检查的问题衔接。做到红线不突破、保护不越位。

自然公园根据资源禀赋和自然特征设立，原森林公园、湿地公园、地质公园、海洋公园、沙漠公园以及以自然景观为主要保护对象的原风景名胜区经科学评估后转为自然公园；原海洋特别保护区转为海洋自然保护区或海洋自然公园；水产种质保护区、自然保护小区、野生动物重要栖息地纳入自然公园管理；可在草原、冰川等功能分明、资源禀赋高的区域新设一批自然公园。自然公园名称统一规范为风景自然公园、森林自然公园、地质自然公园、湿地自然公园、海洋自然公园、沙漠自然公园、草原自然公园、冰川自然公园等，做到一个保护地一块牌子。

国家级、省级自然公园转换后仍然保留原级别，市级、县级自然公园经评估论证后由省级人民政府设立为省级自然公园。

5.2 海外自然公园介绍

自然公园较国家公园产生较晚，是一种比国家公园限制条件更少，框架更为灵活的公园类型。目前自然公园的概念和模式在全球范围内得到广泛应用和发展。各国纷纷成立了自己的国家级自然公园，以保护珍稀的自然和文化资源，促进可持续发展和生态旅游。同时，国家间也通过保护区网络、跨境合作等方式加强合作，形成跨国自然保护体系，如世界自然遗产和跨境保护区等。

5.2.1 日本的自然公园

5.2.1.1 概述

日本从1932年划定第一批12个国立公园至今，已形成由国立公园、国定公园、都道府县立自然公园构成的三级自然公园体系。截至2017年，国立公园(被视为严格意义上的国家公园)34个，约占国土面积的5.79％；国定公园(被视为准国家公园)56个，约占国土面积的3.73％；都道府县立自然公园311个，约占国土面积的5.20％。合计自然公园数401个，约占国土面积的14.72％。

5.2.1.2 日本自然公园体系特征

日本自然公园体系取得成功的因素是多方面的，但就其根源与下列三大特征密不可分，并体现出与美国体系不同的独特性。

1. 中央垂直与地方合作共管

一方面，日本通过环境省所属的区域及地方管理事务所的设置，对国立公园重大保护及开发项目进行垂直管理，较好地保证了国家政策意图的贯彻落实。尤其对国立公园而言，公园管理事务所具有区划、规划、重大建设审批权以及所长裁决制度，大大降低了地方政府干扰的可能。另一方面，为提高自然公园管理尤其是保护效率，伴随2000年以后的地方分权趋势，国立公园的许多程序既定的日常管理事务(如以备案为主的小型开发利用、小规模民用房建设、日常环境管理维护等)逐渐交由所在地方政府。中央直属国立公园部门则从琐事中解脱出来，更为专注生态保护。此外，国立公园，尤其是都道府县立公园在自然公园框架内下放地方政府管理，这种清晰的层级分置，在缓解中央的管理压力的同时，也调动了地方政府的积极性。对日本这类国家公园内部及周边居民众多的国家而言，中央政府与地方政府分工协作，充分调动地方政府与社会的参与十分必要。

2. 不论土地权属的“地域制”与唯一区划标准

“地域制”是日本在高度复杂的土地权属，而又难以赎买收归国有统一管理背景下的无奈之举。因此,“不论土地权属如何,均按照自然公园区划进行统一管理”的地域制度得以创建并严格实施。“地域制”的核心是从资源保存与永续利用角度对自然公园进行从严格保护到合理利用的“梯级式”用地管理分区。这种用地管理分区得以实现的关键是,在《日本自然公园法》中明确规定了唯一的区划标准,并以此作为保护、开发与管理的根本依据。任何建设行为均需按照《日本自然公园法》的规定,在自然公园区划框架下进行审核,辅以风景保护协定,利用调整区制度等适应性管理手段,解决了日本复杂分散的土地权属带来的问题。我国土地所有权虽为国有,但自然公园及其周边地域土地使用权属实际上非常复杂。日本“地域制”中的统一区划与适应性分级管理无疑对我们具有重要的参考价值。

3. 空间途径与程序途径的协同并举

有学者在系统综述世界保护地(含国家公园)保护与发展模型的基础之上,提出了“空间”与“程序”两类最为基本的管理途径。前者核心在于以科学性为基础,通过区划、图则等手段,对自然公园在空间上进行科学的管理划分与系统保护,其特点表现为刚性和不可置疑的权威性。日本自然公园区划是这一管理途径的具体应用(图 5.2)。尤其是“地域制”改革以后,特别保护地域与第一类特别地域的大大强化充分体现了采用严格的“空间”管理途径对核心资源保护的必要性。后者核心在于以社会学为基础,通过广泛的公众参与、社会协作等柔性途径,来弱化前者所带来的多种社会矛盾。在需要协调保护和利用的区域(如具有众多原住民的普通地域),“程序”管理途径则是十分重要的协调工具。

图 5.2　日本十和田八幡平国立公园(https://www.env.go.jp/park/towada/)

5.2.2 法国的自然公园

5.2.2.1 概述

世界自然保护联盟将世界保护区归纳为6种类型，其中第Ⅴ类保护区被称为“陆地和海洋景观保护区”，指那些除自然原始地区，由人类创造开发，至今仍居住人类并在此生活工作的地区。因此，第Ⅴ类保护区大部分属于乡村地区范围。法国将第Ⅴ类保护区称为“区域自然公园”，而用“国家公园”命名，类似于美国国家公园的自然荒野地区。截至2015年，法国共建立了51个区域自然公园，其中有2个为海外领地。区域自然公园共占法国领土面积的15%，共涉及了4386个市(镇)，400万人口，320万家企业，占法国经济结构的7%。

5.2.2.2 法国区域自然公园的目标

法国区域自然公园的初衷是保护生态系统脆弱的领土和濒危的自然文化遗产。但随着区域自然公园的不断发展，其目标已从最初单一的环境保护扩展到了更多方面，总结概括有以下几点。

(1)改善区域发展的不平衡。20世纪60年代，巴黎地区开始大范围的扩张，但几乎所有其他地区的经济和环境都在恶化。因此，政府期望通过区域自然公园的建立，促进城乡交融，带动乡村地区的发展。区域自然公园通过组织和调节社会经济活动来保证其区域内居民的生活质量。

(2)促进自然资源、文化遗产的保护与管理。区域自然公园致力于乡村地区自然资源和文化遗产的保护管理。保护乡村地区境内的生物多样性，保护自然资源、景观、独特但又脆弱的场地，并赋予乡村地区文化遗产活力。

(3)提高公众的环境意识。区域自然公园与自然环境联系密切，建立自然公园可加强对公众环境问题的理解和认识。可通过教育、文化和旅游等活动吸引旅客来探索自然，从而更好地发现当地文化，尊重自然和乡村。

5.2.2.3 法国区域自然公园特点

1. 自下而上的发展模式

法国区域自然公园是一种自下而上的发展模式，区域自然公园的建立在当地政府和各农民公社的意愿和需求之上，更多地依赖于地方而不是中央政府来完成公园宪章的目标。这种自下而上的模式需要在国家层面获得项目管理的权限。这种自下而上的发展模式将改善居民生活的需求放在首位，因此，当地居民对于区域自然公园普遍采取较为正面的态度，公众的积极性较高。但这种自下而上的发展模式也存在一定弊端，例如区域自然公园的环境保护目标被地方公园委员会强烈的经济取向破坏了。随着法国区域自然公园管理体系的不断完善，中央政府对地方政府的监控力度不断加大，这种模式的弊端也逐渐得到了改善。

2. 跨区域的合作

区域自然公园是由环境部门根据遗产质量和领域的脆弱度等方面来界定的，因此法国区域自然公园的边界并不一定和行政边界（地区或部门）相一致。这导致了一部分区域自然公园只分布于一个大区中，单纯由一个部门管理，而另一部分区域自然公园则分布于多个大区中，由数个部门共同管理。同时，为了保证领土质量，区域自然公园还会和周边地区进行协作。这种跨区域的合作模式强化了城镇间的合作，促进了区域间的融合。

3. 欠发达乡村地区经济的可持续发展

法国大部分区域自然公园都建立在欠发达地区，即土壤资源有限或贫瘠的山地、丘陵地区。这些地区农业条件落后，也是经济水平落后的原因之一。一般来说，提高农业水平来促进经济发展有时候也意味着对自然生态环境的破坏。而在法国区域自然公园中，农业发展与自然保护是相协调的。法国的农业发展通过"保护乡村"的方式来保护环境，促进旅游，并防止由于人口下降使一些地区成为"荒野地"。例如，奥弗涅火山区域自然公园以发展旅游，保护景观、建筑，促进经济为主要目标，鼓励传统农业，采用有利于维持现状、保护野生动物栖息地的土地管理模式（图 5.3）。公园的放牧水平保持适中，在林地和森林地带禁止放牧。同时，限制肥料的使用，避免发生侵占湿地的现象。法国这种不过度开发基本资源的方式使区域自然公园中的农业发展与自然保护得以协调发展。

图 5.3　法国奥弗涅火山区域自然公园（https://www.france.fr/zh-Hans/）

4. 规划政策具有较强的针对性

所有区域自然公园的整体目标相同，都需要在保护自然资源、文化遗产的同时提升当地的经济发展，提高居民的环境保护意识，因此各公园宪章整体目标十分明确。但由于区域自然公园遍布法国各地，条件各异，因此每个公园有各自的宪章，根据宪章要求制定了更具体的规划方案以及行动计划。同时，由于区域自然公园的不断发展，每 12 年都会对该区域进行重新评价，制定新的规划宪章，以顺应发展的需要。因此法国区域自然公园的规划宪章都有较强的针对性和实施性，也更容易落地。

5.2.3 德国的自然公园

5.2.3.1 概述

依据《德国联邦自然保护和景观抚育法》的定义，自然公园是指具有较大面积的适合游憩和休闲娱乐的特定法定保护区域。截至2008年，德国共有93个自然公园，总面积8.5万km^2，约为德国国土面积的24%。自然公园遍布德国全境，各自然公园面积大小差距较大。最大的自然公园Schwarzwald Mitte/Nord面积为36万hm^2，最小的自然公园Siebengebirge面积为5000hm^2。在整个德国自然公园中，各种用地占比大致为：农业用地占比54%，林业用地占比29%，城市或城镇用地以及道路用地占比12%，其他类型用地占比5%。自然公园基本上是以农业和林业建设为主，兼有风景资源抚育和休闲观光的规划和建设形式。因此，自然公园是一个以自然景观属性为主的区域性自然和景观综合体，是一个与我国风景名胜区不尽相同的区域规划概念。对保持文化特色、区域环境和发展区域经济有着重要的价值和意义。

5.2.3.2 德国建立自然公园的目标

(1)将自然公园文化和自然景观的保护、利用和开发结合起来。在自然、经济发展和良好的生活质量之间建立起积极的平衡关系，成为区域可持续发展的样板模式。依据可持续发展理论的基本概念，对自然公园采取“在利用中加以保护”的策略。因此，居住在自然公园中的居民，承担着对公园性质的认知和相应的利用和保护职责。

(2)将自然公园的自然保护和景观抚育，以及人们的休闲娱乐需求结合起来，创造城市近郊休闲娱乐和游憩活动的场所，缓解城市和乡村之间的生活质量差距。根据自然公园景观资源的独特性、优美程度和吸引力大小的不同，面向不同游览对象和使用对象建设自然公园。对于大部分自然公园来说，重点服务于当地的居民，部分自然公园也提供少量的远程度假服务。例如，在巴伐利亚州的Altmuehltal自然公园，参与近郊休闲娱乐活动的年平均人数是外来度假人数的3.4倍。

5.2.3.3 德国自然公园的任务体系

德国自然公园需要完成的10项基本任务如下。

(1)自然和景观的保护、抚育和发展。自然公园的景观多样性保护、可持续开发建设，构成了重要的建设环节，也是自然公园建设的基础环节。在景观保护和自然保护区域，分区措施和开发措施必须在保护的前提下进行。在生态敏感的区域，应加强对游览者的引导措施。自然公园的演化和发展不仅与自然、景观联系在一起，而且往往突破行政管理边界的限制，因此，要建立起与之匹配的物种和生物圈保护体系。

(2)采取利于自然的土地利用、林业和水域经济措施，保护富有特色的耕作文化景观。在德国，由于历史的积淀，形成了不同区域间多样化的典型耕作文化景观。自然公园的工作重点为基于环境保护的土地利用、景观多样性的保护方式、物种和生物圈多样性保护，实施生态农业、生态养殖业和有利于环境保护的传统农业，保护景观价值突出的景观地段，保护地表水体的更新。

(3)对区域性农业产品的可持续开发利用，强化区域特色。区域特色往往由数百年的农业耕作文化景观演化而形成，伴随着传统的地域手工业、建筑艺术等协同发展起来。可持续的农业经济发展模式与区域特色密不可分。支持环保型农业产业，推广和宣传其农业产品，引入区域性的标志品牌，提高农业产业的附加值，并且把区域性农业产品推向市场。

(4)保护文化遗产、历史遗留的居住模式和建筑文物。民间习俗，传统手工艺，历史遗留的居住模式，具有文物价值的教堂、城堡、庄园和古老的村庄，以及地方方言，都构成了自然公园内的独特地方特色。自然和文化遗产的保护相辅相成，密不可分，因此，自然公园内传统文化景观，如具有历史价值的建筑、文化遗址及其周围环境等要在保护的基础上，突出其地域文化艺术特征。同时德国的悠久文化传统(诸如格林兄弟的童话观光游览路线)充分体现在德国中部地区的部分自然公园范围内。

(5)保护与自然相关的休闲娱乐活动，促进环境友好的旅游业建设。自然公园内景观的多样性、独特性和优美程度，以及人们的自然体验和文化景观体验，是吸引当地居民和外来游客休闲旅游活动的重要因素。保护和建设自然公园内环境和景观的多样性，是自然公园建设的一项不可或缺的内容。在环境保护的基础上，所有的休闲娱乐活动设施都要结合现有景观的类型和特征来进行建设。休闲娱乐活动和旅游，既要着眼于促进区域经济和环境的可持续发展，也要面向市场经济。面向生态和文化的协同发展，与当地居民的习俗结合起来，改善当地居民的生活和生产状况。

(6)保护自然资源。在自然公园区域范围内，保护现有的自然资源，包括土地资源、水资源、空气资源等。在上述资源的开发和利用时，采取环境友好的利用模式，尽可能地减少景观资源的破坏，采用可再生的能源，减少噪声和废弃物的污染。

(7)协调好与自然公园有关的规划。由于自然公园的范围大多依据自然空间范围划定，往往跨越不同的行政管理区域，因此，在管理和规划建设上必须与不同行政区域的有关部门和相关规划进行协调。

(8)协调与自然公园内的社区、行政当局和有关组织的关系。为了实现自然公园的建设目标，避免各种矛盾和冲突，要建立一个协调机制。在这一机制中，包括自然公园内的城市、社区、行政管理机构，自然保护和景观抚育协会，以及农业、林业、水利部门，还有旅游、文化和体育运动部门等。为此，提高公园的管理和协调效率，是公园管理的核心工作之一。

(9)通过环境宣传和教育、信息交流和展示，培养公众的环境意识。自然公园和教育与科研机构，利用自然公园的有利条件，如自然公园的动植物、生态特征、历史演进和文化特色等，对公众进行环境意识教育。使其在自然体验中获取自然知识，接受保护自然的理念，建立起自然保护意识。这种环境意识教育的形式，不仅针对自然公园内的居民，也针对外来的游览观光者。采取的形式可以是多种多样的，例如：开展自然、森林的体验性教育活动；建立观光信息中心，如展览、电影、录像和演讲报告等；进行网络展示；出版自然公园的小册子、景观导游书、步行交通图、电影、影碟，以及发行自然公园行业报纸等。

(10)建立和维护面向休闲娱乐和面向游览观光者的有关基础设施。在自然公园内，建立和维护与休闲娱乐有关的设施，是自然公园开发和建设的重要任务之一。这些设施在保护自然体验空间景观的前提下，为休闲娱乐活动和观光活动提供便利。这些设施包括交通工具、住宿场所、步行者休息广场、导游和信息牌、道路标志、冒险性和体验性道路、休息设施、信息屋等。在旅游和观光形式上，通过展览、音乐会和自然公园的节日庆典活动，为游客提供良好的游览观光文化项目。在艺术形式上，要具有艺术吸引力，满足自然公园的游览观光和休闲娱乐需求。

习题与思考题

1. 我国对自然公园的定义是什么？
2. 如何对自然公园进行整合优化？

6 森林公园

目前在我国以国家公园为主体的自然保护地体系中，森林公园属于自然公园的一种类型，与国家公园和自然保护区相比，森林公园的侧重点是保护的同时进行利用，而不仅仅是保护。森林资源具有多种使用价值与功能，森林可以涵养水源、防风固沙。森林是大自然的“调度员”，调节着自然界中空气和水的循环，影响着气候的变化，保护着土壤不受风雨的侵犯，减轻环境污染给人们带来的危害。进入21世纪，人们走进森林，回归自然的愿望越来越迫切。森林旅游作为一种新兴的旅游方式，适应了人们的需求，成为一种时尚。森林公园作为一处受特殊保护的林地和游览观光、休闲度假、科普教育的特定场所，已经成为森林旅游的重要载体，越来越受到社会各界的广泛关注。建立森林公园的目的是保护其范围内的一切自然资源与自然环境，并为人们游憩、疗养、避暑、文化娱乐和科学研究提供良好的环境。森林公园的建设是保护和利用森林风景资源，为社会提供良好森林游憩服务，不断满足人们日益增长的生态文化和健康消费需求的一项重要社会事业。

6.1 森林公园概述

6.1.1 森林公园的概念

伴随着城市化的迅猛发展和城市人口的高速增长，环境污染加剧，城市生态系统失调，居民生活环境不断恶化，越来越多的市民已不满足于城市狭小的生活空间，渴望能暂时摆脱城市的拥挤和喧嚣，回归到大自然，到森林中领略大自然的秀丽风光，利用森林的特殊功能来调节身心、恢复心理和生理平衡。森林游憩正是在这种历史背景下诞生，并逐渐发展成为一项新兴的旅游产业。森林游憩是指人们在闲暇时间，以森林景观为背景所进行的各种活动。它具有放松、猎奇、求知、求新、健身、陶冶情操和激发创作灵感等多种功能，具有较强的自然性、真实性、科普性与参与性。森林游憩作为一种独具特色的游憩方式，越来越受到世界各国的重视。1997年，美国、英国、挪威用于游憩的森林面积已分别占国家森林总面积的27%、27%和25%；日本也把国土面积的15%划为森林公园；德国提出了“森林向全民开放”的口号，全国60多处森林公园的旅游收入高达80亿美元，占德国旅游总收入的76%。20世纪80年代初，为了满足人们日益增长的森林游憩需求，我国开始建立森林公园，虽然起步较晚，但发展迅猛，自第一个森林公园——湖南省张家界国家森林公园于1982年9月建立开始，至2000年底，我国共建立各级森林公园1050处，经营总面积已超过950万 hm^2，其中，国家级森林公园344处，初步形成了以国家森林公园为骨干，国家级、省级和县（市）级森林公园相结合的森林游憩结构体系。森林公园成为人们进行森林游憩的重要场所。

尽管不同学者对“森林公园”所描述的概念各有不同，但其表达的实质是一致的，即以森林景观为背景，以大面积人工林或天然林为主体而建设的公园，融合了自然与人文景观的旅游及教科文活动区域。1999年发布的《中国森林公园风景资源质量等级评定》(GB/T 18005—1999)国家标准，对“森林公园”作了科学的定义，并得到了学术界的认可，指出森林公园是“具有一定规模和质量的森林风景资源和环境条件，可以开展森林旅游，并按法定程序申报批准的森林地域。”它明确了森林公园必须具备以下条件：第一，具有一定面积和界线的区域范围；第二，以森林景观为背景或依托，是这一区域的特点；第三，该区域必须具有旅游开发价值，要有一定数量和质量的自然景观或人文景观，区域内可为人们提供游憩、健身、科学研究和文化教育等活动；第四，必须经由法定程序申报和批准。凡达不到上述要求的，都不能称为森林公园。综上所述森林公园是以森林自然环境为依托，具有优美的景色和科学教育、游览休息价值的规模性地域，经科学保护和适度建设，为人们提供旅游、观光、休闲和科学教育活动的特定场所。森林公园分为国家级森林公园、省级森林公园、县（市）级森林公园3个等级。其风景资源类型包括地文资源、水文资源、生物资源、人文资源和天象气候资源。

6.1.2 森林公园相关概念的比较

关于“森林公园”概念，世界各国的理解不同，叫法也各不相同。我国叫作森林公园，世界自然保护联盟称其为自然保护地，英国及欧美一些国家则称为国家公园、原野公园等，日本叫作自然公园，韩国则称为国立公园。在我国，自然保护区、森林公园和风景名胜区都是国家重要的自然保护地，是保护自然环境与生物多样性，提供科学研究、科普教育及游憩娱乐场所等主要功能的重要载体。

我国的森林公园大多是在国有林场或自然保护区的基础上发展而来的，体现了森林公园具有自然生态系统或处于恢复阶段的自然生态系统的本质。森林公园不仅拥有丰富的自然风景资源，而且同时拥有许多人文景观资源。森林公园以保护森林生态系统为核心，以保护人文景观原貌为主要任务的公园。因此，我国的森林公园与国外的国家公园有着相似和交融的属性特征。

自然保护区是以绝对保护为主，而森林公园和风景名胜区则以保护和开发并重。从某种意义上讲，森林公园是自然保护区的一种补充形式，在生态系统保护方面有着相同属性。相比而言，自然保护区的科学意义较大、景观的自然性强，而森林公园和风景名胜区则是融自然与人文景观于一体并能考虑游人游憩活动的区域。另外，因为自然保护区的保护性强，其旅游资源开发受限，而森林公园和风景名胜区旅游开放性较强。但从实质意义上来讲，自然保护区、森林公园和风景名胜区均属于自然保护系统。

6.1.3 森林公园的类型

在每个森林公园的总体规划阶段，为了明确正确的开发方向、选准优势开发项目和重点保护优势旅游资源等目的，应该对公园的旅游资源和环境条件等进行系统深入的研究与评价，认清公园所属类型，找出公园在同一区域内的众多森林公园中最具特色之处，以吸引更多游客，同时也为游客在选择旅游目的地时提供便利。对于森林公园分类，出于不同目的，可以有不同的分类标准和方案。目前我国按功能、质量等级、区位、景观、林分特征等各种指标对森林公园进行了不同角度的划分。森林公园是以良好的森林生态环境为基础，融合了其他自然景观和人文景观类型，但总体上是以自然景观为主。在自然景观中，地貌景观又以其独立的构景作用和风景区形成的主体作用，在旅游资源中占有相当重要的地位，成为旅游风景区构成中最重要的要素之一。因此按地貌景观类型，将森林公园初步分成以下 11 种基本类型。

(1)山岳型森林公园：以名山大川、奇峰怪石等山体景观为主的森林公园。我国是多山国家，山岳型的森林公园最为普遍。如湖南张家界国家森林公园、山东泰山国家森林公园、安徽黄山国家森林公园、陕西太白国家森林公园等。张家界国家森林公园(图 6.1)是由原来的张家界林场改变而来，也是我国第一个森林公园，境内多山，以奇峰怪石而闻名。该公园自然资源丰富，仅木本植物就有 93 科 517 种，比整个欧洲还多出一倍以上，珍贵树种主要有珙桐、钟萼木、银杏、香果树、鹅掌楸、香叶楠、杜仲、金钱柳、猫儿屎(第三纪子遗树种)、银鹊、南方红豆杉等。主要景点有金鞭溪、袁家界、杨家界等。

图 6.1 张家界国家森林公园

(http://www.hunan.gov.cn/jxxx/szmp/zjjs/zmjd_99685/201212/t20121221_4874245.html)

(2)江湖型森林公园：以江河、湖泊等水体景观为主的森林公园，其特征是具有大面积的水体，多建立在森林环绕的高远平湖或人工水库周围，湖光山色相映成辉。如浙江千岛湖森林公园(图 6.2)、河南南湾国家森林公园等。千岛湖风景区，又称新安江水库，在 1986 年被林业部批准为国家森林公园。千岛湖湖中大小岛屿1000余个，水资源极其丰富，是中国最大的人工湖，其境内森林覆盖率达到了81%，是典型的江湖型森林公园。属国家重点保护的树种有20种。维管束植物1824种，蕨类植物35科69属126种，种子植物159科761属1698种。属国家保护植物18种。景区还存在保存比较完整、面积较大的阔叶混交林区。主要景点包括梅峰岛、猴岛、龙山岛、锁岛、三潭岛等。

图6.2　浙江千岛湖国家森林公园

(https://wgly.hangzhou.gov.cn/art/2022/12/15/art_1229707554_58943639.html)

(3)海岸-岛屿型森林公园：以海岸、岛屿风光为主的森林公园，由海岛与森林相结合而形成多山，天然森林环岛而生，如山东鲁南海滨国家森林公园、福建平潭海岛国家森林公园、河北秦皇岛海滨国家森林公园(图6.3)等。

(4)沙漠型森林公园：以沙地、沙漠景观为主，建立在沙漠、沙地或荒漠的绿洲上，展现了一幅自然界中生命与恶劣环境抗争的生动画卷，如甘肃敦煌阳关沙漠国家森林公园、陕西定边沙地国家森林公园、金沙滩国家森林公园等。

(5)火山型森林公园：以火山遗迹为主的森林公园，多建立在火山的遗址地区。公园火山遗迹景观与森林景观相结合具有独特的魅力。

(6)冰川型森林公园：以冰川景观为特色的森林公园，现代冰川、冰川遗迹与原始森林镶嵌形成风景区，海拔较高，景观独特。如四川海螺沟国家森林公园等(图6.4)。

(7)洞穴型森林公园：以溶洞或岩洞型景观为特色的森林公园，由地下大型溶洞与地上森林景观相结合而形成，多在喀斯特地貌上存在。如江西灵岩洞国家森林公园、浙江双龙洞国家森林公园(图6.5)、科桑溶洞国家森林公园等。

(8)草原型森林公园：指在大型草原上建立的国家森林公园，以草原景观为主，其特点是草原开阔、牛羊肥美、森林茂密、景色优美。如河北木兰围场国家森林公园、内蒙古黄岗梁国

图 6.3　秦皇岛海滨国家森林公园

(https://baike.sogou.com/v142928055.htm? fromTitle=秦皇岛海滨国家森林公园)

图 6.4　海螺沟国家森林公园

(https://www.hailuogou.com/jqgk/ggslg/hlgjq/hailuogou/2016/0830/163.html)

家森林公园等(图 6.6)。

(9)瀑布型森林公园:以瀑布风光为特色的森林公园。如福建旗山国家森林公园(图 6.7)等。

(10)温泉型森林公园:以温泉为特色的森林公园,是大面积的天然森林景观与温泉相

图 6.5　双龙洞国家森林公园(http://lyj.zj.gov.cn/art/2020/6/1/art_1229051677_44429479.html)

图 6.6　黄岗梁国家森林公园(http://wlj.chifeng.gov.cn/wlzy/jdjq/202110/t20211011_1341995.html)

结合而形成的国家森林公园,兼具峰峦密林和溪河幽谷。如广西龙胜温泉国家森林公园(图 6.8)、海南蓝洋温泉国家森林公园、七仙岭温泉国家森林公园等。

(11)城郊园林型森林公园:地处城市郊区,以大面积的森林景观和人文景观为特色。这类公园大多是在历史悠久、人文景观突出的名胜之地建立起来的,一般面积不大,景点密集,有较多人造景观河设施,如洛阳的枕头山省级森林公园、翠屏山森林公园等。

此外,按旅游半径还可划分为城镇型、郊野型和山野型森林公园。按林地的权属又可分为 3 种:一是建立在国有林地内的森林公园,这一类约占国家级森林公园总数的 75%;二是依

图 6.7　旗山国家森林公园(http://lyj.fujian.gov.cn/bmsjk/slgy/202012/t20201211_5480477.htm)

图 6.8　龙胜温泉国家森林公园(http://tianxiaqiguan.com/detail/intro/sid/14732319056964610)

托集体林地建立的森林公园;三是兼有国有林场和集体林地的森林公园。

6.1.4　森林公园的功能

森林公园是一个综合体,同时也是一种以保护为前提,利用森林的多种功能为人们提供多种形式旅游服务的可进行科学文化活动的经营管理区域。森林公园具有游憩、保护、科研与教育的功能。

6.1.4.1 游憩

森林公园内植被覆盖率高，森林在涵养水分、净化空气、调节温度、降低噪声、散发芳香等方面的巨大生态作用，使公园内水质清洁，空气清新湿润，负离子含量高，含菌量、含尘量低，气候温和，为游客提供了一个恢复身心、消除疲劳的良好生态环境。森林公园内景观类型多样，有繁多树种组成的林相、季相、垂直带谱，古树名树，奇花异草等绚丽多彩的森林景观；有生物化石、巍峨名山、浩瀚沙漠、碧波湖海、奇峰怪石、溪泉瀑潭、溶洞温泉等雄壮秀美的地质地貌景观；有日出日落、霞光异彩、云雾冰雪等变幻莫测的天象景观；有历史遗迹、民俗风情、民间传说、古代建筑等内涵丰富的人文景观。它们与森林内的珍禽异兽共同成为森林公园的观赏佳景，供游人享用。森林公园内除可进行一般游憩活动（如远足、爬山、划船、游泳、垂钓、漂流、野营、观赏、山地自行车游等）外，还具有较高的娱乐性（如滑雪、骑马、采集标本、摄影绘画、休息疗养、观赏野生动物、洞穴探险以及限制性狩猎等），这一特色又使森林公园成为旅游者强身健体、陶冶情操的好去处。但必须强调的是，在森林公园内，游憩活动类型及娱乐服务设施建设不得以破坏自然景观和生态环境为代价，应控制不同区域的游客类型、数量和行为，这样不仅能有效地减少游憩对资源造成的负面影响，同时也能最大限度地满足游客的游憩愿望。

6.1.4.2 保护

森林是陆地生态系统中分布范围最广、生物总量最大的植被类型，其结构、分布和数量影响着公园景观的观赏价值，影响着以其为生境的野生动物。部分森林公园虽然还保留着较完整的森林生态系统，但却承受着空气和水污染、游客干扰、气候变化和外来物种的侵扰等各方面的压力。因此，保护公园内的森林生态系统，即保护野生动植物赖以生存和繁衍的生境，就成了森林公园建设的首要目的之一。从某种程度上讲，森林公园是自然保护区的一种补充形式，在生物多样性保护方面发挥着重要作用。此外，森林公园多集中于山区、半山区，保存有许多地质、地貌遗迹，它们是在长期地质历史时期形成和遗留下来的痕迹，具有较高的科学、美学和生态价值，但却是不可再生的资源。因此，建立森林公园的另一功能和任务就是保护这些地质、地貌遗迹，使其科学性、自然性和观赏性得到充分发挥和合理利用。稳定的森林生态系统对人类不利环境因素（如风沙、污染等）有阻滞作用，同时对有利因素具有保育、涵养、调节等作用。总之，通过森林公园的建立与管理，有效地限制当地居民与旅游者对自然资源和森林生态环境的过度利用和破坏。保护野生动植物，使生物多样性不受到人为的干扰和阻碍；保护自然景观，使地貌不至受到不可修复的破坏，山石水体不遭受过度污染而无法恢复；保护人文景观，使古代建筑遗迹和民间传说得以流传，当地的民俗文化不因游客的冲击而退化或消失。

森林公园建设已作为我国自然资源保护、生物多样性保护、生态环境建设与保护的重要手段。森林旅游资源和森林生态环境的保护都不应是被动的保护，不能等到被破坏了才去保护。因此，森林公园的管理者不仅要科学地认识森林公园的资源，保护对象的现状、发展趋势、所面临的表面的或潜在的各种威胁，更需要具有在动态的生态系统中，预防和解决问题的能力。

6.1.4.3 科研与教育

森林公园内栖息着各种动植物、微生物等。它们在仿生学、航空航天、生物医学、遗传工程以及考古、文化、艺术等方面与人类的生产生活密切相关，其中仍有不少方面至今不为人们所认识和了解，所以森林公园具有巨大的科研潜力，为动植物学者提供了广阔的研究空间。森林公园内的资源长期受到保护，公园内的许多地区受人类活动影响小，甚至相对未受到人类活动的改变，因此，在揭开自然与人类历史、进化适应性、生态系统的动态性和其他自然过程奥秘的科学研究中，森林公园具有越来越重要的地位。

通过与大自然直接接触，当地的学生可通过在森林公园的观察，更容易透彻地理解和认识食物链、生态系统的演替，以及其他一些自然现象和过程；游客也可通过牌示、文字材料、传单，以及导游对景点和当地文化的解释来获取知识；对于艺术家而言，森林公园也可成为写生和创作基地。同时，可通过建立森林公园，加强对游客的教育，缓解由于缺乏环保意识和对自然的认识，而对森林旅游资源造成破坏，逐步树立起人们热爱自然、关注生态环境的意识。

6.2 森林公园的发展历程

森林公园是我国起步早、影响面广的自然保护地的品牌之一。我国逐渐形成了以国家级森林公园为骨干，国家、省和市(县)三级森林公园共同发展的格局，在加强森林资源保护、普及自然科学知识、促进林区经济发展等方面发挥着作用，其重要性得到了各级政府及社会的肯定。但在如何可持续发展与提高管理质量上仍存在不少问题。1994 年林业部颁布的《森林公园管理办法》规定，森林公园分为国家级、省级、市(县)级三级，主要依据森林风景的资源品质、区位条件、基础服务设施条件以及知名度等来划分。国家级森林公园由国家林业和草原局审批，省级和市(县)级森林公园相应由省或市(县)级林业主管部门审批。森林公园的撤销、合并或变更经营范围，必须经原审批单位批准。

6.2.1 发展阶段

1949 年以前，政府在各地兴建森林公园，并颁发了《各县设立森林公园办法大纲》。新中国成立后，森林公园发展进入萌芽阶段，周恩来总理曾建议在贵阳近郊建立图云关森林公园。党的十一届三中全会以来，中国森林公园开始真正起步，历经了试点起步阶段、快速发展阶段、规范发展阶段、质量提升阶段 4 个阶段。

6.2.1.1 试点起步阶段(1980—1990 年)

这一阶段的特点是发展速度缓慢，每年批建的森林公园数量较少；省部联合建设，投入相对较大；行业管理较弱，影响力较小。1980 年 8 月，林业部发出了《关于风景名胜地区国营林场保护山林和开展旅游事业的通知》，着手组建森林公园，发展森林旅游。1981 年，林业部召开森林旅游试点座谈会，选定北京松山、云蒙山林场，广东流溪河、南昆山、大岭山林场，山东泰山林场，湖南张家界、南岳林场等作为首批试点。自 1982 年湖南张家界国家级森林公园建立之后，又先后建立了浙江天童、千岛湖，陕西楼观台，安徽琅琊山等国家级森林公园，多已发展成为著名的旅游目的地。截至 1990 年底，全国森林公园总数为 27 处，其中国家级森林公园 16 处。

6.2.1.2 快速发展阶段(1991—2000 年)

这一阶段的发展特点是经济、生态和社会效益的带动作用逐渐显现；批建数量短期内猛增；建设质量和管理水平亟待跟进。由于第 1 阶段的试点实践，森林公园建设与森林旅游发展受到社会各界认同。1992 年林业部在大连召开了森林公园及森林旅游工作会议，要求凡森林环境优美、生物资源丰富、自然和人文景观较集中的国营林场，都应建立森林公园。由此森林公园建设速度明显加速，仅 3 年就批复建立了 218 处国家级森林公园，加上各省批建的省级森林公园，截至 2000 年底，森林公园已达到 1078 处，其中国家级森林公园 344 处。森林公园数量迅猛增长，但“量”与“质”发展不同步，给森林公园后期发展带来了一定负面影响。

6.2.1.3 规范发展阶段(2001—2010 年)

这一阶段的发展特点是确立森林公园的首要任务是保护，工作重心由批建森林公园转向提升建设质量和管理水平，各地建设呈现出良好发展态势。这一阶段森林公园建设和森林旅游发展工作引起了党中央、国务院高度重视，在《中共中央　国务院关于加快林业发展的决定》(中发〔2003〕9 号)、《中共中央　国务院关于全面推进集体林权制度改革的意见》(中发〔2008〕10 号)、《国务院关于加快发展旅游业的意见》(国发〔2009〕41 号)等重要文件中，对建设森林公园，发展森林旅游提出了明确要求。

6.2.1.4 质量提升阶段(2010 年至今)

目前森林公园的发展进入新常态(图 6.9)，注重以满足国民休闲需求为导向，行业管理能力得到不断提升，积极接轨国际保护地体系。具体体现在政策与法制体系建设、规划与标准化建设、森林风景资源保护、人才培训、宣传推介到示范建设、国(境)内外交流合作等方面。先后颁布《国家级森林公园管理办法》《国家级森林公园总体规划规范》。结合国家生态文明建设和新型城镇化发展要求，启动编制了《全国城郊森林公园发展规划(2016—2025 年)》。辽宁平顶山国家级森林公园、浙江雁荡山国家级森林公园、湖北潜山国家级森林公园以及贵州甘溪省级森林公园获得“国家生态文明教育基地”称号。吉林龙湾群国家森林公园入选世界自然保护联盟首批全球最佳管理保护地绿色名录。

6.2.2 发展理念及优势

森林公园行业管理指导思想在 40 多年中发生过几次大的转变，每一种指导思想都是在

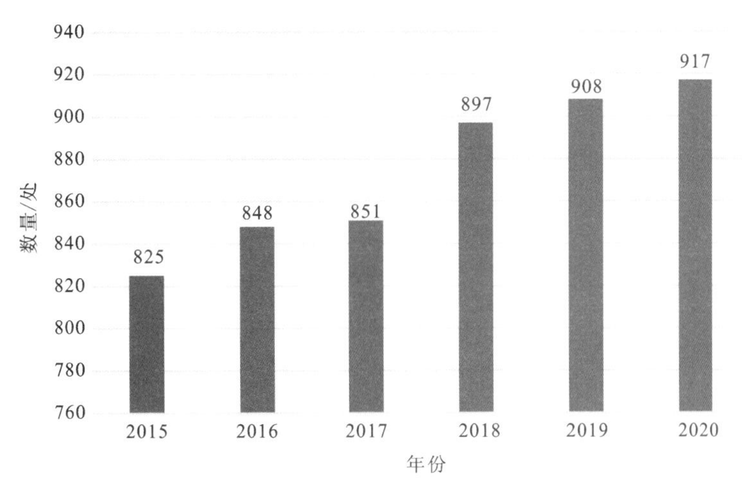

图 6.9 我国国家森林公园 2015—2020 年数量统计图

特定国情、林情下产生的,每一次转变都标志着森林公园发展走上了一个新台阶。

6.2.2.1 作为国有林场的一种多种经营项目

1982—1997 年,森林公园定位为国有林场的一种多种经营项目。20 世纪 80 年代,中国林业发展刚从计划经济体制中走出来,发展森林旅游的目的是为当时僵化的国有林场经营管理模式探索新的发展方向。到 20 世纪 90 年代,国家做出了大力发展第三产业的决定,旅游业的巨大作用被社会所认可,而林业正面临"两危"困境,即可采资源危机和经济危机,急需调整林区长期单一木材生产的产业结构。在此背景下,森林的多种功能逐步受到重视,国有林场凭借着其资源优势,自然成为了森林公园发展的主要依托。

6.2.2.2 林业主体功能转换的一个重要选择

1998 年特大洪灾以后,党中央、国务院从全国经济社会可持续发展的战略高度,做出了实施天然林资源保护工程(天保工程)的重大决策,国有林区企业由采伐森林向营造林转变。进入 21 世纪,国家确立了以生态建设为主的林业发展道路,林业由林产品的主要供给者转变为国土生态安全的保卫者。为了在加强资源保护的同时实现林区长久发展,也为了满足日益增长的走进森林、体验自然的国民精神文化需求,建立森林公园、发展森林旅游自然成为林区发展路径的一个重要选择。2003 年,党中央、国务院发布了《中共中央 国务院关于加快林业发展的决定》(中发〔2003〕9 号),强调要努力发展好森林公园,突出发展生态旅游等新兴产业。在这一时期,森林公园真正融入了经济社会发展大局,发展森林公园得到了各级政府的关注和重视,其作用得到了社会各界普遍认可。

6.2.2.3 作为国家自然保护地体系的重要组成部分

"十一五"(2006—2010 年)期间,追求可持续发展进一步成为世界各国的共识。中国在经历了长期经济高速增长后,面临着环境恶化、资源消耗等一系列严重问题,追求绿色发展和经济社会的协调可持续发展已成为十分迫切的战略选择，而推出国土主体功能区划分是实现可持续发展的重要举措。在这一时期，我国林业由传统林业向现代林业转变，进入了全面实施以生态建设为主的林业发展新时期。在《中华人民共和国国民经济和社会发展第十一个五年规划纲要》中，国家级森林公园被列入“国家禁止开发区域”。2007 年，国家级森林公园在国家发展和改革委员会牵头编制的《国家文化和自然遗产地保护“十一五”规划纲要》中被确定为“国家文化和自然遗产地”。这一定位在《中华人民共和国国民经济和社会发展第十二个五年规划纲要》《国家主体功能区规划》及《“十二五”国家文化和自然遗产地保护规划》中得到了延续和深化。作为“国家禁止开发区域”和“国家文化和自然遗产地”，要求国家级森林公园依法实施强制性保护，严格控制人为因素对自然和文化遗产原真性、完整性的干扰，严禁不符合主体功能定位的各类开发活动。2011 年，国家林业局颁布了《国家级森林公园管理办法》，进一步明确了资源保护是森林公园的首要任务，并确立了保护、教育、游憩三大主体功能。党的十八届三中全会审议通过的《中共中央关于全面深化改革若干重大问题的决议》在加快生态文明制度建设中提出建立国家公园体制，林业部门作为国家自然生态资源的重要管理者，在承接国家战略和对接国际体系发展中肩负着更加重要而艰巨的任务。

森林公园的优势在于兼具生态保护、气候调节、休闲健康、文化教育和经济发展等多重功能，为人们提供了与大自然互动和享受自然美好的场所。下文具体展开关于森林公园优势叙述。

1. 资源优势

我国拥有 29 亿余亩森林，5 亿余亩自然湿地和 19 亿余亩荒漠戈壁，这些资源为森林旅游业发展提供了广阔的舞台。中国是世界上森林风景资源最丰富的国家之一，从东海之滨到世界屋脊，从热带雨林到寒带针叶林，广袤的林区内孕育出了各种各样的森林景观。这些森林景观与自然景观(如鬼斧神工般的峰林地貌、气势恢宏的雪山冰川、旖旎秀静的湖泊岛屿、令人震撼的奇峡飞瀑等)，以及深厚的文化积淀融合在一起，构成了我国自然文化遗产的重要组成部分。在严格保护好资源的前提下，不断提高资源的综合效益是森林旅游业发展的重要任务，而丰富的、高品位的森林风景资源为我国森林旅游的长期快速发展奠定了坚实的物质基础。

2. 市场优势

中国是世界上第一人口大国，经济社会的长期快速发展为旅游业发展提供了强劲动力。一方面，随着国民生活条件的不断改善，经济实力不断提高，人们的出游需求日趋迫切，出游率不断提高。另一方面，城市化问题、环境问题日趋严重，越来越多的城镇居民把以走进森林、体验自然为特点的森林旅游作为优先选择，目前森林旅游的年游客量已接近国内旅游人数的四分之一。我国的旅游业正处于从“观光旅游”向“休闲度假旅游”的过渡时期，森林具有的杀菌、除尘、释放负氧离子、屏蔽噪声等功能，使森林旅游在休闲度假旅游中拥有独特优势。依托森林自然环境开展的远足、登山、攀岩、漂流、科普教育等森林旅游活动具有较强的参与性，顺应了旅游发展的潮流，具有广阔的发展前景。城市居民最渴望亲近的自然环境是森林、草地。节假日休闲最向往的则是森林公园和郊外农村田园。森林旅游已经成为当代居民的一种新的生活方式和消费行为。

3. 政策优势

森林旅游的发展走出了一条不砍树同样致富的可持续发展之路，真正实现了山更绿、水更清、民更富。森林旅游在促进经济社会发展中的巨大作用已得到社会各界的广泛认同，各级政府高度重视森林旅游的发展，党中央、国务院及有关部门也对森林旅游工作给予了高度关注和支持，在《中共中央　国务院关于加快林业发展的决定》《中共中央　国务院关于全面推进集体林权制度改革的意见》《国务院关于加快发展旅游业的意见》《国务院关于促进旅游业改革发展的若干意见》等重要文件中，都提出了加快发展森林旅游的要求。《林业产业振兴规划(2010—2012 年)》《林业科学和技术“十二五”发展规划》都把森林旅游列为须重点培育的林业“十大产业”之一。2011 年，国家林业局和国家旅游局签署了《关于推进森林旅游发展的合作框架协议》，联合主办了全国森林旅游工作会议，联合下发了《关于加快发展森林旅游的意见》，共同把发展森林旅游上升为国家战略，将其作为建设生态文明的重要任务，实现兴林富民的战略支撑点，推动绿色低碳发展的重点领域，促进旅游业发展新的增长极。从 2012 年开始，国家林业局逐年编制中国森林等自然资源旅游发展报告，以全面反映每一年来中国森林旅游发展的整体情况。2014 年 3 月，国家林业局印发了《全国森林等自然资源旅游发展规划纲要(2013—2020 年)》。国家陆续出台了一系列林业支持保护政策和产业发展政策，特别是随着集体林权制度改革的深入推进，林业抵押贷款、森林保险、生态效益补偿制度等逐步建立健全，林区基础设施得到明显改善，为森林旅游大发展奠定了良好基础。

6.2.3　管理体系的建设

6.2.3.1　管理机构的设置

与美国等很多发达国家相比，我国森林公园发展起步较晚，全国森林公园行业管理体系是在 20 世纪 90 年代后才逐步建立并成型的。1992 年，林业部成立了“森林公园管理办公室”，引导、指导全国森林公园发展的各项行业管理。1995 年，林业部在国有林场和林木种苗工作总站专门设置了“森林公园和森林旅游管理处”，进一步强化了对全国森林公园和森林旅游的行业管理。在此期间，各省(自治区、直辖市)林业厅(局)、各森工(林业)集团都新设置或明确了森林公园和森林旅游工作的主管处(室)，大部分地市(县)林业主管部门也相应明确了责任机构。这种行业管理架构一直延续至今，而且很多省(自治区、直辖市)还进一步加强了森林公园和森林旅游管理机构的设置。如对分布在各地的森林公园，特别是国家级森林公园，都按要求设立了管理机构，行使日常管理职责。在国有林场基础上建立的森林公园，大部分是与国有林场实行“一套人马、两块牌子”管理。2011 年，经中央机构编制委员会办公室批复同意，国家林业局国有林场和林木种苗工作总站加挂了“国家林业局森林公园保护与发展中心”牌子，体现了进一步加强森林公园行业管理的重要性。

6.2.3.2 管理制度的制定

1994 年，林业部颁布了《森林公园管理办法》，2011 年，国家林业局颁布了《国家级森林公园管理办法》。这两部部门规章是当前全国森林公园行业管理的基本依据。多年来，林业主管部门先后出台了多个规范性文件，如《国家级森林公园设立、撤销、合并、改变经营范围或者变更隶属关系审批管理办法》(2005 年)、《国家级森林公园监督检查办法》(2009 年)等，还就森林公园管理、国家级森林公园林地管理、国家级森林公园行政许可实施情况检查等下发了多个通知。1994 年，林业部组织成立了中国森林风景资源评价委员会。2009 年，国家标准化管理委员会批准成立了全国森林公园标准化技术委员会。与此同时，地方法规建设也取得显著成效，先后有湖南、四川等 11 个省(自治区、直辖市)颁布实施了《森林公园管理条例》。

6.2.4 发展中取得的成就和贡献

6.2.4.1 加强了对自然资源的保护

建立森林公园并加强管理，使大量珍贵自然资源得到了有效保护，成为国家自然保护地体系的重要组成部分，国家级森林公园也因此被确定为“国家禁止开发区域”“国家文化和自然遗产地”。森林公园中目前已有 13 处列入世界遗产地保护范围，14 处纳入世界地质公园保护范围。为进一步加强重要森林风景资源保护的针对性和科学性，2006 年，《国家林业局关于组织编制〈国家重要森林风景资源保护目录〉的通知》(林场发〔2006〕150 号)中要求各地开展森林风景资源调查与评价，将林业区划范围内具有稀有性、典型性和突出普遍价值的森林风景资源纳入重点保护范围，实行分类管理，强化对遗产资源的保护。在 2012 年出台的《国家级森林公园总体规划规范》中，对“重要森林资源”提出了专门的保护与培育要求，并将相关资源划入“核心景观区”管理。经多年努力，各地森林公园对生物、地文、水文、天象、人文五大类 35 亚类的森林风景资源，逐步明确了重点保护对象和保护范围，各种管理和保护措施的针对性和科学性日益增强，如生物资源包括四川龙苍沟、湖北大老岭、江西阳岭的亚热带常绿阔叶林，云南西双版纳、海南尖峰岭等的热带雨林，四川瓦屋山、贵州百里杜鹃等的杜鹃花景观，重庆雪宝山、红池坝的亚高山草甸，江西铜钹山的红豆杉景观，贵州习水的桫椤景观，广西大瑶山的福建柏景观等；水文资源包括浙江铜铃山壶穴、湖南神农、广东南岭九重山等瀑布群景观，江西陡水湖、广东新丰等江河湖泊森林岛屿景观；地质资源包括广西八角寨丹霞、湖南张家界石英砂岩峰林、湖南天台山花岗岩石柱、贵州龙井天坑、贵州凉风垭喀斯特石芽与溶洞等；人文资源包括新疆哈日图热格岩画与草原石人等。

6.2.4.2 支撑了森林旅游发展

森林公园建设有力地促进了森林旅游发展。2014 年全国森林公园共投入建设资金 457.7 亿元，拥有旅游步道 7.81 万 km，旅游车船 3.47 万台(艘)，接待床位 85.28 万张，餐位

153.73万个，职工总数达16.97万人，导游人员1.78万人，初步形成了“吃、住、行、游、购、娱”配套发展的服务体系。长期以来，依托森林公园的森林旅游一直是全国森林旅游的主体。

6.2.4.3 促进了生态文化传播

森林公园是普及自然科学知识、传播生态文化、建设生态文明理念的理想场所。为进一步发挥森林公园的国民教育功能，2007年国家林业局下发了《关于进一步加强森林公园生态文化建设的通知》(林场发〔2007〕109号)，明确指出森林公园是我国林业生态文化体系建设的重要阵地，要求各地将生态文化建设作为森林公园建设的一项长期的根本性任务抓紧、抓实、抓好，使森林公园切实担负起建设生态文化的重任，成为发展生态文化的先锋。在2012年出台的《国家级森林公园总体规划规范》中，将“生态文化建设”作为独立章节纳入国家级森林公园的总体规划范畴。多年来，森林公园在传播生态文化、提高国民生态保护意识中发挥了越来越重要的作用，一大批森林公园已成为大中小学生的科普基地、爱国主义教育基地、夏(冬)令营基地，成为科研人员的试验基地和艺术爱好者的创作基地，多处森林公园还被国家林业和草原局、教育部和共青团中央共同命名为“国家生态文明教育基地”。近年来，国家林业和草原局进一步加大了对森林公园生态文化建设的引导和支持力度，大力推进森林体验与森林养生事业发展，举办“国家级森林公园生态文化建设研讨会”“国家级森林公园解说员培训班”，并对各地森林公园的生态文化解说加大了指导和支持力度。同时，各地森林公园不断加强生态文化基础设施建设，不断推出丰富多彩的生态文化活动，如甘肃、北京先后与德国、韩国合作建设“森林体验中心”，浙江省推出了“走进森林公园亲子系列活动”，湖南省推出了“藏文于山”生态文化活动，河北省实施了“森林科普进万家”宣传活动等。

6.2.4.4 带动了区域经济增长

森林公园大多位于经济相对落后的大山区、大林区，森林旅游发展与农民、农村、农业发展的关系十分密切。森林旅游的发展，实现了从“砍树”到“看树”、从“卖山头”到“卖生态”、从“卖木材”到“卖景观”、从“把林产品运出去”到“把城镇居民引进来”的历史性转变，许多地区通过建设森林公园、发展森林旅游获得了显著经济效益。据不完全统计，2014年全国森林公园共带动创造社会就业岗位79.3万个，其中，山东、浙江、河北每省创造就业岗位都超过了5万个。依托森林公园开展的森林旅游共创造社会综合产值近6000亿元。我国森林公园发展已使3000多个乡(镇)、15 000多个村、近3000万农民受益，直接吸纳60多万农村人口就业。如天津市蓟县毛家峪村有72户256人，依托九龙山国家级森林公园发展农家院的年人均纯收入超过5万元；福建省依托森林公园大力推进“森林人家”建设，就业人数达近5000人，餐位总数超过1万个，接待床位1700余张，年接待人数60万人次，年旅游收入超过4600万元；山东省森林公园建设和森林旅游发展已辐射带动了420多个乡(镇)，3300多个村庄，近430万人口受益，使980多个村脱贫致富，森林公园直接吸纳农业人口16.23万人就业，间接转移农村劳动力40多万人。

6.2.4.5 森林旅游行业管理不断加强

经过 40 多年的发展，中国森林旅游业行业管理水平不断提高，已经基本建立了一整套的法制化、规范化、标准化的管理体系。在法制化建设方面，已建立以《国家湿地公园管理办法（试行）》和《国家级森林公园管理办法》等专门性部门规章为主，《森林公园管理条例》《湿地保护条例》等地方立法为辅的法律法规体系，为森林旅游健康有序发展提供有力的法律保障。在标准化建设方面，成立了全国森林公园标准化技术委员会，颁布了《中国森林公园风景资源质量等级评定》和《国家森林公园建设规范》等一批国家标准和行业标准，初步构筑了森林公园建设和森林旅游标准体系，有效地规范了森林旅游市场秩序，提高了森林旅游产品质量，为森林旅游业的发展提供了重要的技术支撑。

6.3 海外森林公园

海外森林公园是指位于其他国家或地区的森林保护区或国家公园。许多国家都设立了自己的森林公园，以保护它们独特的自然环境和生物多样性。全球各地都有许多美丽而值得探索的自然保护区和国家公园，它们提供了独特的自然景观，保护了濒危物种，发展了可持续旅游。参观这些地方可以欣赏自然之美，增加对环境保护的认识，并体验不同文化的交流与融合。下文为森林公园较丰富的国家。

6.3.1 美国的森林公园

美国的森林公园建设起步较早，早在 20 世纪 50 年代末，森林旅游在美国就已经有了较大的规模。1872 年就建立了世界上第一个国家森林公园——黄石国家森林公园，1881 年建立了国家森林保护区，1890 年建立了巨杉公园，1905 年建立了国家林业署，1916 年建立了国家公园管理局。到 20 世纪 60 年代，森林公园在美国就已经有了相当大的规模，不但联邦政府和州政府所有的森林向游人开放，私人拥有的商业性林地也有 90%以上以某种户外娱乐的形式开放。1958 年，美国总统艾森豪威尔签署了文件，要求组成森林游憩评价委员会，对影响《美国森林法》执行的状况进行系统的调查。该委员会经过调查后向政府递交的专项报告指出，森林旅游是社会发展的产物，是居民的需要，是不可阻挡的趋势。1960 年，国会进行充分辩论后，通过了 86 位议员提议的《森林多功能利用及永续生产条例》。此后，美国农业部林务署把森林游憩、放牧、木材生产、保护集水区、保护野生动物等作为森林经营的五大目标，结束了以木材生产为主要目标的林业时代。

美国有森林面积 2.26 亿 hm^2，占国土面积的 32%。美国 28%的森林为国有林，全国共有 30 多个联邦机构拥有土地并供应森林旅游活动，如农业部、内政部、商业部、国防部等，但 96%的土地被农业部林务署、内政部国家公园管理局、内政部土地管理局、内政部渔业和野生生物管理局、陆军工兵部队、田纳西流域管理局 6 个机构占有。其中农业部林务署的国有林是美国森林旅游活动的最大接纳者，它拥有的国有林面积为 1.9 亿 hm^2，经营着约 4000 个野营地。

美国拥有众多的森林公园，包括约 60 个国家公园和 150 多个国家森林。这些公园是美国自然遗产的重要组成部分，为人们提供了观赏壮丽风景、户外休闲活动和环境教育的机会。同时，美国的森林公园也面临着保护生态系统、应对气候变化和平衡公众需求等重要挑战。因此，持续管理和保护这些公园对保障未来的可持续发展至关重要。

6.3.2 日本

日本是一个森林资源丰富、生态景观美丽的国家。为了发挥森林的多种功能，日本政府制定了限制性采伐措施，加强了对森林游憩林的管理。1957 年，日本制定了《自然公园法》。该法总则的第一条就明确指出其目的是保护自然的风景地，充分利用自然风景资源，为国民提供一个保健、休养及科普教育的美丽场所。日本大规模的森林旅游始于 1973 年，由林业厅从全国国有林中挑选出特别优美的森林、风景名胜地周边的森林及适于野外游憩和观察的森林，作为游憩林对外开放。2005 年，日本拥有森林面积 2 408.1 万 hm^2，其中人工林面积 1 068.2 万 hm^2。全国森林覆盖率达 64%，森林蓄积量为 34.9 亿 m^3，日本的森林全部制有两种形式，即国有林和民有林。国有林归国家所有，由国家统一管理。民有林分为公有林和私有林。公有林主要是县、市、町、村所有的森林。私有林包括公司、团体、寺庙、组合所有、个人所有以及多方共有的森林。日本的国立公园面积达 202 万 hm^2，其中森林面积占 88%。国定公园面积为 114.5 万 hm^2，其中森林面积占 75%。都、道、府、县的自然公园面积为 203.7 万 hm^2，其中森林面积占 69%。无论公有林还是私有林，都严格遵照国家公布的法律、法规进行管理。目前，日本将 15%的国土面积划为森林公园，每年约有 8 亿人次(为全国人口的 6.15 倍)去林区体验、游憩，平均每人每年到森林旅游大约 7 次。

6.3.3 德国

德国森林公园的发展历史可以追溯到 20 世纪初。早在那个时期，德国就开始认识到保护自然资源和生态系统的重要性，并开始采取措施。

在 20 世纪初期的德国，已经有了建立国家公园的想法，以保护自然环境和推动可持续发展。然而，在此期间，社会重视经济发展，对环境保护的意识相对较弱。直到 20 世纪中期，随着环境保护意识的增强和对自然资源价值的认知不断深化，关于保护自然环境的讨论逐渐升温。

到了 1960 年，德国的环境保护运动开始兴起，并得到了广泛关注。人们开始意识到森林的重要性，以及保护森林生态系统的紧迫性。这一认识促使政府、环保组织和公众共同努力，推动建立更多的森林保护地。

1969 年，巴伐利亚州议会通过决议，将位于巴伐利亚州和波希米亚之间的国有森林山地划定为德国第一个国家森林公园——Bayerischer Wald National Park。

随着时间的推移，越来越多的地区加入了国家公园的行列，建立了自己的森林公园。德国的国家公园系统得到不断扩展和发展。目前，德国境内已建立了 15 个国家公园，涵盖了各种生态系统和自然景观。

德国的森林公园发展历史表明了国家和公众对自然保护和可持续发展的不断关注和努力。这些森林公园不仅提供了宝贵的自然资源和遗产，还成为了教育、研究和可持续旅游的重要平台。它们的建立和运营为德国的环境保护事业和生态文明建设作出了积极贡献。

6.3.4 俄罗斯

俄罗斯有着极其丰富的林业资源，其数量之多让许多国家望洋兴叹，俄罗斯的城市建设一开始就考虑到森林的配置。法律规定，城市周围必须有 30km 的绿化带，让森林环抱城市。据统计，俄罗斯拥有大概 1147 万 km^2 的林地，占俄罗斯国土面积的一半。其中实际被森林覆盖的林地面积为 795 万 km^2，林地内 95%以上都是自然森林。市郊设有国家森林公园。位于莫斯科的马鹿岛国家森林公园面积达 1.2 万 hm^2，包括 6 个功能区，拥有许多珍贵的野生动植物。森林公园是城市居民度假和休闲之地，也是城市重要的水源聚集区。几十年前，马鹿岛国家森林公园提供给莫斯科的清洁水相当于全市用水的三分之一。

俄罗斯的森林公园发展历史与制度体系可以追溯到苏联时期。苏联时期，由于广袤的土地和丰富的自然资源，俄罗斯开始重视自然保护和可持续发展的需要。苏联政府在 20 世纪 20 年代末至 30 年代初提出保护自然环境的概念，并设立了一些保护区。然而，直到 20 世纪 60 年代末至 70 年代初，俄罗斯的森林公园体系才开始迅速发展。这个时期，苏联政府通过法律和政策的制定，鼓励保护自然环境和建立森林保护区。国家地理学家维克托·雪佛洛夫在 1973 年创立了苏联第一个国家级森林公园——贝加尔斯基森林州立自然保护区，这标志着俄罗斯的森林公园制度的起步。

苏联解体后，俄罗斯继承了苏联时期的保护区体系，并开始对其进行改革和完善。1995 年，俄罗斯联邦通过了《自然保护法》，明确了自然保护区的设立和管理制度。根据这部法律的规定，俄罗斯的自然保护区可以分为严格保护自然区、国家公园、自然公园和自然纪念物。

严格保护自然区是俄罗斯最高级别的保护区，旨在维护原生态系统和生物多样性。国家公园则是既保护自然，又提供公众参观和娱乐的区域。自然公园则更加注重公众教育和可持续利用。自然纪念物则是小规模的自然景观和遗迹的保护区。目前，俄罗斯的森林公园体系不断发展和完善，在维护生物多样性、保护自然环境、促进科学研究和环境教育方面发挥着重要作用。俄罗斯的森林公园不仅为国内游客和居民提供了自然旅游和休闲活动的场所，还吸引着国际游客的关注。

6.4 森林公园存在的问题与对策

随着中国经济的快速发展，人们的生活条件得到了改善，人们将目光转向了大自然，期待和大自然融为一体享受大自然风光。这也促使森林公园的旅游业不断发展，但发展的同时仍然存在一些问题。

6.4.1 发展中所面临的问题

6.4.1.1 投入不足,基础设施落后

长期以来,森林公园建设与森林旅游发展的规模化、产业化程度低,森林旅游旺盛需求与落后的森林公园服务水平之间的矛盾尤为突出。究其原因主要是资金投入严重不足。森林旅游景区的各要素建设需要大量投入,特别是,大部分森林旅游景区地处偏远林区,在基础建设上需要的投入更加巨大。而这些地区的经济发展水平往往较低,地方财力有限,招商引资的难度也很大,从而使得景区的配套设施建设滞后。新的旅游项目不能及时开发,严重限制了森林旅游业发展的步伐。一方面,保护和管理经费缺乏制约了国家宝贵森林风景资源的发展;另一方面,森林公园的建设资金来源主要以建设单位自筹为主,国家财政很少给予专项投入。由此,许多森林公园出现了资源保护力度有限、经营管理粗放、景区景点建设粗糙、基础设施和接待服务设施建设落后、长期处于低档次运作等问题。

6.4.1.2 经营管理体制不科学

目前,我国森林公园管理机构的职能与性质模糊,森林公园的保护管理和开发利用工作都得不到有效开展。森林公园具体的落实机制还存在问题,管理机构设置重复,责、权、利不清。我国的部分森林公园与自然保护区、风景名胜区、地质公园、旅游景区等相互重叠,造成政出多门、各部门间既相互牵制又各自为政,不利于资源的保护和统一开发利用,使得高品质的森林风景资源无法得到高效利用。一些森林公园受经济利益或部门利益的驱动,出现了重眼前、轻长远,重开发、轻保护的现象。我国森林公园长期以来处于"事业型编制,企业化管理"的经营模式中,导致我国森林公园畸形发展。我国的森林公园既是管理者的同时又是经营者,权责不明确,在缺乏有效的监督制约机制下难免出现过度开发或破坏资源的行为。同时,森林公园在承担保护森林资源等公共职能的情况下,不能完全自主经营,旅游发展受到制约。

6.4.1.3 缺乏专业人才,从业人员素质较低

人员素质是决定管理水平的关键因素。目前,许多森林公园建设和经营的管理人员,在发展思路、管理手段、经营理念等方面水平较低。同时,从业人员缺乏公园开发和经营管理等方面的专业知识和技能。我国大部分森林旅游景区是在国有林场和其他国有林业单位基础上建立起来的,特别是森林公园,通常与国有林场实行"一套班子,两块牌子"的管理模式,其森林旅游管理和技术人员以前大多从事传统林业生产,对森林风景资源的价值缺乏认识,对依托森林风景资源开展旅游缺乏必要的基础知识和专业技能,市场意识、竞争意识、品牌意识、服务意识还比较淡薄,需要有一个从第一产业转到第三产业的适应过程。人员整体素质不高是造成景区建设粗糙、经营管理粗放、旅游产品单一、服务水平低下、品牌建设滞后等一系列问题的重要原因,也是在处理生态与产业、保护与发展中顾此失彼的重要原因。

6.4.1.4 法律法规不健全

《中华人民共和国森林法》中没有关于森林公园、森林游憩、森林旅游或森林风景资源等内容的表述，蓬勃发展40多年的森林旅游业依然面临法律依据不足的尴尬。特别是森林公园，目前主要依据《森林公园管理办法》《国家级森林公园管理办法》实施行业管理，但作为部门规章，在处理复杂而敏感的事务时明显力不从心，无法系统全面地保障和指导全国森林公园的建设和管理。此外，由于缺少强制力的法律约束，一些森林公园没有按照其被批复的“森林公园总体规划”进行布局建设，在公园内无序开发、随意建设，破坏生态环境。

6.4.2 对策以及建议

6.4.2.1 鼓励投资

积极争取中央资金投入，同时鼓励社会资金积极参与到森林旅游发展中来，加快森林旅游景区的基础服务设施建设，提高接待服务能力，提升科普教育能力。建议国家给予森林公园建设一定的优惠政策，鼓励社会投资。按照“谁投资、谁经营、谁受益”原则，扩大招商引资，调动各类经济实体发展森林旅游的积极性，鼓励采取承包、租赁、合资、合作等多种形式投资森林公园的基础设施建设和旅游经营项目，并大力扶持森林旅游现代企业的创立和发展。

6.4.2.2 完善经营管理体制

建立统一的森林公园管理体系，将行政审批、保护、建设、经营、监管等各个子系统统筹协调，不断完善职能。基于国家级、省级和市(县)级三级，根据森林公园不同类型分级、分类管理，制定相应保护、管理细则等。全面进行森林公园资源普查，结合地理信息系统(GIS)等先进技术建立气候、地质地貌、土壤、水文、森林资源、野生动物资源和社会经济的公园信息库，并科学地进行资源评价。建立基于遥感数据和公园信息库的动态长效监管机制，开展资源监测、工程建设监察、各类评估等工作。在规划建设方面研究并制定出全面且具可操作性的技术标准，进一步规范、统一森林公园标志、识别系统等。

6.4.2.3 提高从业人员的专业素质

加强森林旅游的人才队伍建设，不断提高从业人员的业务素质。森林公园管理部门必须不断加强机构队伍建设，着力培养高水平的经营管理人才和高素质的服务员工队伍，高质量地为游客提供森林旅游和教育服务。同时，公园管理部门可以引进先进的现代管理制度，引进社会优秀的专业人才为公园管理和建设服务。

6.4.2.4 注重公众参与树立行业品牌

在森林公园设立、规划、建设、经营和保护等各个环节引入公众参与机制，保护当地社区利益，同时培养大众参与该过程而建立的归属感和自豪感，树立保护宝贵森林资源的全民自觉性。以“知名度就是生产力，品牌就是效益”的理念为指导，加强公园形象设计，倡导使用规范的公园名称。同时，结合全国各个区域森林风景资源类型和特征，利用各种宣传手段，将森林公园打造为极具优势的森林旅游品牌。

习题与思考题

1. 森林公园与其他自然保护地类型有何不同？
2. 森林公园的功能是什么？
3. 森林公园类型的主要划分依据是什么？
4. 我国森林公园的发展阶段有哪些？各个阶段的特点是什么？
5. 在森林公园的发展中面临着哪些问题？有哪些解决对策？

7 地质公园

46亿年的时光里，地球分裂、漂移、碰撞、抬升，时而分裂成一片海洋、时而聚集成一块陆地。46亿年的时光里，地球上发生了5次生物大灭绝，一代代霸主你方唱罢我方登场，最终却都被封印在了岩石之中，成为了记录地球演化的化石标本。地质公园的设立正是为了保护这些在地球上由时间积淀而成的地质遗产。

7.1 地质公园概况

7.1.1 地质公园的概念

地质公园(geopark)是以具有一定规模和分布范围的地质遗迹景观为主体，并融合其他自然景观与人文景观而构成的一种独特的自然区域。地质公园既是为人们提供具有较高科学品位的观光旅游、度假休闲、保健疗养、文化娱乐的场所，又是地质遗迹景观和生态环境的重点保护区，也是地质科学研究与普及的基地。地质公园是大自然赐予人类的宝贵而不可再生的地质遗产，记载着46亿年来地球的发展历程。

7.1.2 地质公园产生的背景

7.1.2.1 人类保护地质遗迹的需要

世界许多国家和地区对地质遗迹保护工作十分重视。例如，英国1991年成立了自然洞穴保护协会，制定了地质遗迹登记办法。目前已登记遗产地2200处，建立了信息库，并进行分级管理。1987年，中国地质矿产部发布了《关于建立地质自然保护区规定(试行)的通知》，首次以部门文件的形式提出保护地质遗迹。一个多世纪以来，美国、加拿大、日本、澳大利亚、印度、印度尼西亚等100多个国家陆续建立了国家公园，其中收录了重要而奇特的地质遗址并加以保护。

一些重要国际组织也在这方面发挥了重要作用。例如，1989年国际地质科学联合会(IUGS)成立地质遗产工作组，开始地质遗产登记工作。另外，联合国教科文组织于1972年通过了《保护世界文化和自然遗产公约》，并于1978年开始建立世界遗产名录，截至2008年7月，名录中包括878个世界遗产，其中有76个主要因地质上的重要性而被收录。

世界各国或组织通过不同方式对重要的地质遗址进行保护。但这些措施还远不能满足地质遗址的保护需求。单从范围和数量来讲，这些保护措施还仅局限于较小的范围和人群中，保护工作零星而不系统。在这种情况下，如果通过建立地质公园的方式，把更多地质遗迹纳入确定的保护范围之内，可以更好地解决这一问题。地质遗址保护工作也能获得更好的成效。

7.1.2.2 缓解保护与开发之间矛盾的需要

20 世纪 90 年代，在河南省西峡县，因发现当地的恐龙蛋化石可以带来经济利益而引发了疯狂的采盗事件。据统计，截至 2004 年，仅公安机关追查没收的恐龙骨骼和恐龙蛋化石就达 5385 件。此事在社会上引起强烈反响，又一次引起了人们对于地质遗产保护与开发的大讨论。如何将二者合理地结合起来，已经成为地学界和当地民众必须面对且解决的问题。

对于地学界而言，保护毋庸置疑。但客观情况是，人们为了获取经济利益，往往会忽视地质遗址的重要性，甚至会对其造成直接的损害。受环境伦理的影响，开发者在道德上经常处于劣势，继而延伸表现在一些国家或地方法律法规对自然资源的强势保护条款中，以及对开发者的严厉处罚上。这其实是不公平的。这种不公平导致了不能从根本上解决面对自然资源时不同利益群体之间的矛盾冲突，从而使双方的行为难以协调。

在这种情况下，人类必须建立一种新的秩序，缓解甚至解决面对地质遗迹时"单纯"开发主义者与"单纯"保护主义者之间的利益冲突。这种新秩序就是把保护与开发相结合，在满足当地民众经济利益需求的同时，又使地质遗迹得到有效保护，解决这一问题的新秩序就是建立地质公园。

当前，中国地质公园已成为探索实践"绿水青山就是金山银山"绿色发展理念的典范。国家林业和草原局启动了《全国地质遗迹保护规划(2020—2035 年)》和《全国重要地质遗迹保护目录》的编制工作。下一步，我国将紧扣自然保护地这一核心，继承发扬地质公园的优秀经验和有益探索，重点完善地质公园的总体布局和建设管理，有效强化地质遗迹的依法保护和科学利用，为建设美丽中国作出新贡献。有学者预计，到 21 世纪中叶，中国将会建成 300 个左右的国家地质公园、50 个左右的世界地质公园。

7.1.3 地质公园建设的必要性

7.1.3.1 建立地质公园是保护地质遗迹的需要

保护地质遗迹的有效方式，就是动员全社会的力量，合理而科学地开发、利用地质遗迹资源。把建立地质公园与地区经济发展结合起来，通过建立地质公园带动旅游业的发展，使地质遗迹资源成为地方经济发展新的增长点。促进地方经济发展，增加居民就业，提高当地群众的生活水平，从而更好地达到保护地质遗迹的目的。

7.1.3.2 建设地质公园有利于社会精神文明建设

建立地质公园是崇尚科学和破除迷信的重要举措。地质公园建设以普及地学知识、宣传唯物主义世界观、反对封建迷信为主要任务，既要有对自然景观的人文解释，又有地质科学的解释，从而使地质公园既有趣味性，又有科学性。

7.1.3.3 地质公园为科学研究和科学知识普及提供重要场所

对整个社会来说，地质公园是科学家成长的摇篮，是进行科学探索的基地。对广大民众来说，地质公园是普及地质科学知识、进行启智教育的最好课堂。

7.1.3.4 建立地质公园是一种新的地质资源利用方式

直到20世纪80年代末期，人们才逐步认识到地质遗迹资源对旅游业的重要性。地质遗迹有独特的观赏和游览价值，因此建立地质公园，可以使宝贵的地质遗迹资源不需要改变原有面貌和性质而得到永续利用。国家地质公园的建立，是对地质遗迹资源利用的最好方式。

7.1.3.5 建立地质公园是发展地方经济的需要

通过建立地质公园，可以改变传统的生产方式和资源利用方式，为地方旅游经济的发展提供新的机遇。同时，可以根据地质遗迹的特点，营造特色文化，发展旅游产业，促进地方经济发展。

7.1.3.6 建立地质公园是地质工作服务社会经济的新模式

改革地质工作管理体制，转变观念，扩大服务领域，开辟地质市场。建设国家地质公园计划的推出，为地质工作体制改革，服务社会提供了机遇。

7.2 我国地质公园的发展历程

中国是世界上地质遗迹资源最为丰富、分布最为广阔、种类最为齐全的国家之一，是最先由政府部门组织建立地质公园的国家，也是世界地质公园的创始国之一。我国地质遗迹保护工作经历半个多世纪的探索，已经颇具规模。截至2017年5月，全国已批准命名和取得建设资格的地质公园达239家。其中35家成功申报为世界地质公园。总结我国地质公园的发展，可以归纳为4个发展时期。

7.2.1 地质遗迹模糊保护时期

早在民国时期，政府便注意到地质遗迹景观的价值，在云南设立了石林公园来保护路南的大规模石林景观。1949年以后，我国在大规模经济建设的同时，逐渐意识到了地质遗迹被破坏所带来的危害。20世纪60年代，国家将周口店、禄丰等被列为了古脊椎动物化石保护地。之后颁布的《文物保护管理暂行条例》和《中华人民共和国文物保护法》中，都对古人类化石遗迹保护进行了相关规定。20世纪80年代初，我国开始了风景名胜区建设，地质景观作为其重要的景观资源，得到进一步开发和保护。

7.2.2　地质公园概念探索时期

1985 年，部分专家在湖南武陵源考察时提出建立地质遗迹保护区，并使用了“国家地质公园”这个名词。同年 4 月，中国旅游地学研究会筹备委员会成立，开启了中国旅游地学的华美篇章。之后全国陆续开展大规模地质遗迹调查工作。1987 年国家开始建立地质自然保护区。1991 年 6 月，来自 30 多个国家的 150 余位地球科学家通过了《国际地球记忆权利宣言》，着重阐述了地球生命和环境演化与地球演化的密切关系，振臂疾呼这些遗产的保护必须引起各国、各界的广泛关注。1995 年颁布的《地质遗迹保护管理规定》明确将地质公园作为地质遗迹保护区的一种类型，清晰了保护类型和级别。

7.2.3　爆发式申报时期

1999 年，国土资源部通过了《全国地质遗迹保护规划（2001—2010）》。在地质遗迹保护目标中，明确提出建设地质公园系统。国土资源部地质环境司随后提交了相关报告并得到批准。2000 年 2 月，陈安泽受国土资源部地质环境司的委托，起草了上报国土资源部建立国家地质公园的审批报告，2000 年因此成为中国国家地质公园元年。同年 8 月，国土资源部成立国家地质遗迹保护（地质公园）领导小组及国家地质遗迹（地质公园）评审委员会，制定了有关申报、评选办法，并在随后正式发出了《关于申报地质公园的通知》（国土资厅发〔2000〕77 号）。先后有 18 家景区申请建立国家地质公园。2001 年 3 月，首批 11 家国家地质公园在得到了国家地质遗迹（地质公园）评委会评审和国土资源部批准后正式公布。截至 2013 年，国家地质公园数量已达 241 家，发展速度惊人。

7.2.4　理性建设时期

为进一步规范地质公园规划编制、强化其建设管理，2015 年国土资源部暂停了国家地质公园的申报审批工作，并于年底发文进一步明确了建设验收工作的要求和程序，从严把关，保证地质公园建设质量。至 2020 年，已通过 8 批次授予 271 家公园建设资格，其中 219 处通过验收，被正式命名为国家地质公园。

2003 年，联合国教科文组织（UNESCO）地学部组织讨论决定世界地质公园推荐工作正式启动。2004 年，第一批世界地质公园诞生。目前，在全球 147 处世界地质公园中，中国世界地质公园达 41 处，位居第一。批准建立国家地质公园 219 处，批准建立省级地质公园 300 余处，从而形成了一个地质遗迹类型齐全，分布遍及 31 个省（自治区、直辖市）和香港地区的地质公园建设发展体系。

国家地质公园的建立是以保护地质遗迹资源、促进社会经济的可持续发展为宗旨，遵循“在保护中开发，在开发中保护”的原则，依据《地质遗迹保护管理规定》，在政府有关部门的指导下而开展的工作。《地质遗迹保护管理规定》第八条明确指出：对具有国际、国内和区域性典型意义的地质遗迹，可建立国家级、省级、县级地质遗迹保护区、地质遗迹保护段、地质遗迹保护点或地质公园。建立国家地质公园有以下重要意义。

(1)保护地质遗产。国家地质公园的建立可以有效保护和管理珍贵的地质遗产,包括地质景观、地质化石和地质现象等。这些地质遗产是地球演化和自然历史的珍贵见证,保护它们对于维护生态平衡、研究地球科学以及传承人类文明具有重要意义。

(2)促进科学研究和教育。国家地质公园作为科学研究和教育的基地,为地质学家、学者和学生提供了实践和研究的场所。通过开展科学研究和教育活动,可以促进地质科学的发展,提高公众对地质知识的了解,培养地质科学人才。

(3)提供旅游和休闲资源。国家地质公园的独特地质景观和自然美景吸引着大量游客。地质公园通过提供旅游和休闲资源,为游客提供了体验自然、放松身心的机会。地质公园的旅游开发和经营能够带动地方经济发展,创造就业机会,促进当地社区的繁荣。

(4)加强环境保护与可持续发展。国家地质公园致力于生态环境保护与可持续发展。通过建立科学的保护管理体系,合理规划和管理地质公园,可以保护生态环境、维护生物多样性,减少人类活动对自然环境的破坏,实现可持续利用地质资源的目标。

(5)增强文化认同和地方形象。国家地质公园代表了国家和地区的自然与文化特色,成为国内外认识和了解中国地质、地貌、文化等方面的窗口。通过国家地质公园的建立与宣传,可以增强人们对本土文化的认同感,并提升国家和地方的形象和知名度。

7.3 世界地质公园网络

1999 年在联合国教科文组织执行局会议通过的世界地质公园计划中,世界地质公园这一概念被正式引用。之后,联合国教科文组织地学部于 2002 年制定了世界地质公园网络(the global geoparks network,GGN)项目,该项目是从全世界范围内寻找和吸纳具有重要意义的地质公园,旨在保护和合理开发具有高度科学价值、能够代表某一地区的地质历史、地质事件和地质作用的地质遗迹,并将其服务和教育民众的一项世界性计划。随着工作的不断推进和深入,在 2004 年,第一批世界地质公园诞生。截至 2020 年 7 月,联合国教科文组织批准的世界地质公园总数为 161 个,分布在全球 41 个国家和地区。中国是世界地质公园网络创始国之一,目前已拥有 41 个联合国科教文组织批准的世界地质公园,同时也是世界上地质公园数量最多的国家。

7.3.1 世界地质公园产生的背景

7.3.1.1 产生的背景

关于如何有效地、持续地保护遗迹这个问题,长期以来各国地学界的研究者进行了各种思考和探索。最终,在联合国教科文组织的大力支持和带动下,欧洲和中国在 21 世纪初率先通过建立地质公园来解决这一问题。地质公园是以珍贵地质遗迹为主体,以有效保护、传播地学知识,发展当地经济为目标而提出的一种新型自然遗迹保护模式。这种模式有效地缓解了发展中的人类与自然环境之间的激烈冲突(其本质是不同利益群体之间人与人的冲突),体现了一种可持续的发展理念，符合当前人类社会发展的基本思路。世界地质公园作为一种资源利用方式，在地质遗迹与生态环境保护、地方经济发展与解决群众就业、科学研究与知识普及、提升原有景区品位和基础设施改造、国际交流以及提高全民素质等方面显现出综合效益，为生态文明建设和地方文化传承做出了巨大贡献，是展示国家形象的名片，也是促进国际合作的引擎。

7.3.1.2 世界地质公园的定义

联合国教科文组织提出了世界地质公园的6条定义。

①有明确边界，有足够大的面积使其可为当地经济发展服务，由一系列具特殊科学意义、稀有性和美学价值的地质遗址组成，还可能具有考古、生态学、历史或文化价值。

②这些遗址彼此联系并受公园式的正式管理及保护，制定了官方的保证区域社会经济可持续发展的规划。

③支持文化、环境可持续发展的社会经济发展，可以改善当地居民的生活条件和环境，能加强居民对居住区的认同感，促进当地的文化复兴。

④可探索和验证对各种地质遗迹的保护方法。

⑤可用来作为教育的工具，进行与地学各学科有关的可持续发展教育、环境教育、培训和研究。

⑥始终处于所在国独立司法权的管辖之下。所在国政府必须依照本国法律、法规对公园进行有效管理。

7.3.2 世界地质公园网络概况

在2002年2月召开的联合国教科文组织国际地质对比计划执行局年会上，联合国教科文组织原地学部(现为生态与地学部)提出建立地质公园网络，其目标是：①保持一个健康的发展环境；②进行广泛的地球科学教育；③营造本地经济的可持续发展。该网络计划每年在全球吸收20个地质公园加入，全球共吸收500个成员。

7.3.2.1 世界地质公园的发展历程

从地质公园概念的产生到世界地质公园网络的建立，主要经历了两大阶段。

1.探索与准备阶段

20世纪后期，面对地质遗迹日益遭受破坏的严重形势，一些地质学家对如何有效、持续地保护地质遗迹展开了理论思考和探索。早在1985年，中国地质学家就提出在地质意义重要和优美地质景观地区建立地质公园的建议。到1996年，欧洲地学界涌现出一股有关是否需要倡导欧洲地域之间开展合作以保护和保育地球遗产的讨论热潮。这些有关地质遗产保护的思想引起了联合国教科文组织的极大关注。同年8月，在北京召开的第三十届国际地质大会上，联合国教科文组织原地球科学处(现为生态与地学部)设置并组织了地质遗迹保护专题讨论。来自法国的 Guy Martini 和来自希腊的 Nickolas Zouros 等一批地质学家一致认为，单凭科学界的努力而没有地方社区的积极参与是无法实现地质遗产的可持续管理的，因此，他们决定在欧洲率先建立欧洲地质公园，形成地学旅游网络。1999 年 12 月，国土资源部在全国地质地貌景观保护工作会议上提出围绕“在保护中开发，在开发中保护”的思想，为实现建立国家地质公园的设想打下基础。

2. 组织实施阶段

经过长期的理论探索与准备，全球终于在世纪交替之际的 2000 年迎来地质公园的诞生。2000 年 6 月，“欧洲地质公园网络”正式形成，首批地质公园主要包括法国普罗旺斯高地地质公园、德国埃菲尔山脉地质公园、西班牙马埃斯特地质公园和希腊莱斯沃斯石化森林地质公园。几乎在同一时间，中国的地质公园建设计划也进入实施阶段。2000 年，国土资源部编制了《国家地质公园总体规划指南》。2001 年，国土资源部成立了国家地质公园领导小组和国家地质公园评审委员会，并于同年建立了首批 11 家国家地质公园。

2004 年 2 月，联合国教科文组织在巴黎召开的会议上首次将 25 个成员纳入世界地质公园网络，中国共有 8 处，分别为黄山地质公园、江西庐山地质公园、河南云台山地质公园、云南石林地质公园、广西丹霞地质公园、湖南张家界地质公园、黑龙江五大连池地质公园、河南嵩山地质公园。这标志着全球性的“联合国教科文组织世界地质公园网络”正式建立。

7.3.2.2 世界地质公园网络的管理机构

1. UNESCO 下属的生态与地学部

世界地质公园网络创建时的管理机构是 UNESCO 的地球科学处，目前为生态与地学部，设有地质公园秘书处，负责制定世界地质公园网络管理制度。组织开展网络新成员的申报与审查，对现有网络成员进行中期检查，组织地质公园相关大型会议和活动，协调网络成员之间的交流与合作等重要事宜。

2. 世界地质公园专家局

世界地质公园专家局是由地质公园秘书处负责组织任命的专家群体，目前包括 7 个成员。具体负责对世界地质公园网络候选成员进行审查，按照《联合国教科文组织世界地质公园操作指南》中的标准，投票表决某个候选成员是否被批准成为世界地质公园网络的正式成员。同时，在每隔 4 年对所有网络成员开展的中期检查中，专家局成员又对每个网络成员的检查结果进行投票表决。

3. 世界地质公园网络办公室

为了指导、协调、支持和帮助各国的地质公园建设，增加各地质公园间的联系、合作和交流，2004 年联合国教科文组织与中国国土资源部共同成立了“世界地质公园网络办公室”，设立在中国北京。其主要任务是建立世界地质公园联络中心、建设管理数据库和网站以及编发世界地质公园通信等。

4. 欧洲地质公园网络的组成机构

之所以将欧洲地质公园网络的组成机构视作世界地质公园网络管理机构的一部分，是因为欧洲地质公园网络和联合国教科文组织于2004年就签订了《UNESCO地球科学部与欧洲地质公园网络合作协议》和《马东尼宣言》，根据《联合国教科文组织世界地质公园操作指南》中的明确规定，欧洲国家向世界地质公园网络递交的申请都要通过欧洲地质公园网络的组成机构来执行。当然，UNESCO将参与申请的每个阶段以及最终的决定。目前，欧洲地质公园网络由两个工作机构组成：一个是协调委员会（CC），负责网络运营和管理；另一个是咨询委员会，负责对战略问题以及高质量标准范围内的网络发展与扩大提出建议。另外还设立了欧洲地质公园网络协调中心。

7.3.2.3 世界地质公园网络成员申报与后期管理

1. 世界地质公园网络成员申报

《联合国教科文组织世界地质公园操作指南》对申请加入世界地质公园网络需要提交的材料提出明确规定，要求包含以下内容：申报地的特定信息，科学描述（如国际地学意义、地质多样性、地质遗址的数量等），该地的总体信息（如地理位置、经济状况、人口、基础设施、就业状况、自然景观、气候、生物、聚居地、人类活动、文化遗迹、考古等）。除了这些真实的地域特征描述之外，还要求详细介绍候选网络成员的管理计划和机构，以确保后期管理的质量。最后，《联合国教科文组织世界地质公园操作指南》明确指出必须在文本中阐述候选者的可持续发展政策战略和旅游在其中的重要性。从2006年开始，所有候选者还要填写一份申请者自评估表，展示候选者在地质与景观、管理机构、信息与环境教育以及区域经济可持续发展等5个方面的现状及对应分值，作为评估专家考察候选者的重要依据。

另外，为了确保申请加入世界地质公园网络是一种自愿行为，且能得到当地政府的支持，《联合国教科文组织世界地质公园操作指南》规定申报文本中必须提供表达自身意愿的信件、权威机构签字的官方申请、候选者所在国家的UNESCO国家委员会的签署以及该国国家地质公园网络的签署等。

整个申报过程包括候选者提交申报文本、UNESCO地质公园秘书处查验文本、派遣专家实地考察、确认评审结果等几个环节。需要强调的是，为了保证各国地质公园平衡分布，每个国家每年最多只能提交2个候选者。对于还没有参与到网络中的国家，则允许提交3个候选者。

在2015年之前，世界地质公园评选主要由世界地质公园网络负责，2015年11月，联合国启动“国际地球科学与地质公园计划”（international geoscience and geoparks program，简称IGGP）之后，将世界地质公园网络纳入该计划，这意味着世界地质公园的评选工作将由联合国教科文组织亲力亲为，同时新的“联合国教科文组织世界地质公园”标识也正式诞生。

2. 后期管理

根据 IGGP 规定，一个地区为了成为联合国教科文组织世界地质公园，必须具有世界级价值的地质遗迹，这是由国际同行评议和已发表的科研成果决定的。根据相关成果，世界地质公园评估小组的专家会进行全球范围的对比评估，以确定地质遗迹是否具备世界级价值。除此之外，世界地质公园还必须展示人与自然的关系，强调可持续发展，同时参与资源保护、气候变化研究、自然灾害预防和地质科普等相关事业。

UNESCO 每 4 年对每个网络成员的状态进行定期检查（中期评估），以督促地质公园建设。检查内容包括审查最近 4 年来的工作进展以及所在地区的可持续经济活动发展等。另外，还要考虑地质公园参加网络活动（如出席会议、参加世界地质公园网络共同活动、自愿带头实施新的倡议等）的积极程度。作为重新评估的一部分，被审查的公园必须准备一份进度报告，再由联合国派出的两名评估员进行实地考察。根据评估员提交的评估报告，如果可以判断为满足标准，那么该公园将继续保留联合国教科文组织世界地质公园地位持续 4 年（所谓的“绿牌”，代表“通过检查”）。如果该公园不再满足标准，联合国将通知公园管理机构在两年内采取相应措施对其进行改进（所谓的“黄牌”，代表“暂时保留成员资格”）。如果在收到“黄牌”后两年内仍然没有达到标准，该地区将失去作为联合国教科文组织世界地质公园的地位（所谓的“红牌”，代表“从网络中除名”）。

7.3.2.4 世界地质公园网络开展的重要活动

1. 世界地质公园大会

为了宣传地质公园、加强相互交流，同时解决重要的地球遗产问题，在联合国教科文组织、国际地质科学联合会和欧洲地质公园网络的支持下，决定每两年召开一次世界地质公园大会。2004 年，在联合国教科文组织的支持下，第一届世界地质公园大会在北京举行，并由欧洲地质公园网络的 17 个成员和 8 个中国地质公园共同创建了世界地质公园网络。截至目前，地质公园大会已举办至第十届，最近一次于 2023 年 9 月在摩洛哥马拉喀什召开。每届会议都围绕地质公园设定一个主题，约 2000 人次参加。世界地质公园大会不仅仅是所有参会代表相互探讨技术的重要平台，也为各级管理者共同商讨地质公园管理机制提供了机会。目前，该系列大会已经成为全球地质公园领域规模最大、级别最高的学术交流盛会，是世界地质公园网络最重要活动之一。

2. 欧洲地质公园年会

欧洲地质公园网络每年在不同的成员国召开年会。地质公园、科学家、管理人员以及地质遗迹保护、地质旅游和地方发展方面的专业人士都可以参加。其中，第一届欧洲地质公园网络会议于 2000 年 11 月在西班牙阿拉贡地区马埃斯特欧洲地质公园的莫林诺斯酒店成功召开，共有20多个地区参加。欧洲地质公园年会为各网络成员搭建了一个互相了解，交换经验，介绍新活动与共同项目和确定未来地质遗迹保护、自然与文化遗迹价值提高、环境教育、地质旅游与地方发展共同战略的平台。

3. 亚太地区地质公园网络大会

鉴于欧洲地质公园网络的成功经验，来自马来西亚的地质公园专家于2006年提出了构建亚太地区地质公园网络的想法，希望以此来促进这一地区所有地质公园之间的相互交流与合作，同时在亚太地区进一步扩大地质公园的影响，号召更多国家和地区加入到地质公园建设之中。在联合国教科文组织的支持下，第一届亚太地区地质公园网络会议于2007年11月在马来西亚浮罗交怡地质公园成功召开。会议不仅邀请联合国教科文组织地质公园方面的管理者参加，还邀请亚太地区20多个国家和地区的代表共同探讨了在亚太地区建立地质公园网络的构想。

7.3.2.5 世界地质公园网络建立以来的主要进展

世界地质公园网络自建立以来，主要在以下几个方面取得了显著进展。

1. 促进地质遗迹保护

促进地质遗迹保护主要体现在提升公众保护意识、提高地质遗迹保护技能、加大保护资金投入、深入开展科学研究等几个方面。

在提升公众保护意识方面，地质公园概念发挥了非常重要的作用。自全球开展地质公园建设以来，越来越多的普通公众与地质公园产生了一定程度的关联性。他们能够感受到地质公园给自己带来的利益，这在客观上提升了自身的保护意识。另外，借助地质公园这个平台，一些地质公园纷纷开展各种项目，旨在通过具体行动来强调这种保护意识的重要性。例如，欧洲地质公园网络于2006年批准通过了8个欧洲地质公园之间合作实施名为LEADER$^+$项目的资助方案。该项目主要面向年轻的欧洲公民，号召他们保护和宣传共同拥有的欧洲地质遗迹，将其视为地区可持续发展的关键点。同时，该项目明确其主要目标群体是学龄儿童和在校学生，年龄段从4岁的儿童到大学生。很显然，这种“从娃娃抓起”的保护意识教育在地质公园的发展中得以推进。

而作为地质遗迹保护的从业人员，更是在地质公园的发展框架内得到了一系列科学、严谨的技术培训。在欧洲，许多地质公园都设立了职业培训中心，一方面为失业的年轻人进行培训，提供就业机会满足他们新的发展需求，另一方面在培训过程中也提高了从业者的保护技能。例如，莱斯沃斯石化森林地质公园在2001年成立了职业培训中心，该机构主要培训地质遗产保护、挖掘和化石保存技术。

在资金投入方面，很多地质公园都结合自身的发展需求和潜力，通过各种渠道加大投入，使地质遗迹的保护措施得以很好地落实。例如，在中国黄山地质公园，除了当地省、市政府专项补助外，经安徽省政府批准，地质公园还设立了遗产保护专项基金，自2003年开始，可从门票中提取保护专项经费，经费全部用于保护工作。

近年来，围绕地质公园的科研需求，很多管理者积极寻求与各大专院校及研究机构的合作。这不仅为地质公园增添了更加准确的科学内涵，还充分发挥了地质公园作为科研基地的作用。例如，从2007年开始，中国云台山地质公园与中国地质科学院合作开展了“中国云台山地貌与美国大峡谷对比研究”项目，以推动云台山地学研究及其在国际上的影响力。而在中国地质大学（武汉）更是成立了地质公园（地质遗迹）调查评价研究中心，更是为地质公园的发展起到保驾护航的作用。

2. 促进当地经济发展

带动地方经济发展，不仅是地质公园的一项重要使命，而且已经成为地质公园的一项重要成果。在欧洲，建立地质公园的一个重要动因就是考虑到旅游地太过集中。对于现有的旅游地，地质公园同样注入了经济上的新活力。据统计，英国的大理石拱形洞地质公园加入世界地质公园网络之后，2007年的游客数量比成为欧洲地质公园那一年（2001年）多出30%。马来西亚的浮罗交怡岛地质公园自2007年加入世界地质公园网络以来，知名度逐渐提高，当年游客接待人数比2006年增加约50万人，达到230万人。在中国，地质公园更是在旅游经济、就业以及当地综合旅游效益等方面发挥了非常显著的作用，极大地促进了地方经济的发展。

3. 进行地学知识的普及

首先，地质公园为地学知识的普及提供了场所。无论是在欧洲、亚洲、南美洲，还是在大洋洲，每个地质公园都会在重要的地质遗迹点附近设立通俗易懂的科学解说牌，以满足游客了解地学知识的需求。当游客站在真实的自然遗迹面前时，借助科学的解说系统，就能感受眼前这一切的历史变迁。其次，地质公园为开展各种科普活动提供了平台。近年来，围绕地质公园而开展的科普活动已经成为所有管理者越来越重视的工作内容，地质公园已然成为科普活动的重要平台。最后，地质公园的发展产生了大量的科普读物及音像制品。例如，中国的克什克腾世界地质公园仅在短短数年内就先后出版了8部科普读物和4部影像作品，另外还有大量其他形式的科普作品。毫无疑问的是，地质公园在客观上促进了科普读物的发展，同时也在不断满足游客对科学知识增长的需求。

4. 促进网络成员之间的相互交流与合作

世界地质公园网络的一个重要特点是，该网络强调所有网络成员之间的相互交流与合作，以此来促进整个网络的共同发展。在《世界地质公园网络工作指南》中，明确鼓励网络成员之间建立姊妹关系、寻求合作机会。据不完全统计，仅在2008年，世界地质公园网络成员之间或与其他公园之间签订的姊妹协议就达18份，而公园之间互访以及深入交流活动也非常频繁。除此之外，各地质公园之间还联合开展其他各种形式的活动，如在国家与地方评论上发表文章、邀请国家或国际人士参加正式的产品发行、编制海报和宣传册等宣传材料。这些联合行动通过整合文化差异、克服地理距离的限制，提高了地方合作伙伴对开展合作关系的重要性认识，宣传了合作伙伴所在的区域，发展了跨国团队合作精神，发扬了世界地质公园网络的重要宗旨。

7.3.2.6 世界地质公园网络展望

世界地质公园网络从其建立到发展，在一些方面还存在不足。现在，很多研究者放眼于长远发展，提出了针对性的对策建议，确保该网络在推动全球地质公园发展中继续发挥主导作用，并科学引导更多国家认同“地质公园倡议”，以此促进可持续发展战略。

第一，网络成员的分布将更加均衡和广泛。目前，除了现有的18个成员国外，全世界包括加拿大、印度、日本、美国和越南等在内的20多个国家也在考虑如何开展地质公园建设，它们已成为世界地质公园网络新的潜在发展区域，《联合国教科文组织世界地质公园操作指南》也通过倾斜政策鼓励更多新成员国的加入。与目前情况相比，将来网络成员的分布将会逐渐遍布全球各地。

第二，网络成员之间的合作将更具深度和广度。尽管网络成员在相互合作方面已经取得了很大进展，但从全球总体而言，目前的合作不管从深度还是从广度来说均处于相对初级阶段。但随着网络成员的不断扩展和网络自身的逐步成熟，这种合作在范围和领域上将更加广泛，在内容上会更加深入。

第三，网络的运转机制将更加成熟与完善。目前，世界地质公园网络的管理机制可以满足基本的运转需要，但在专家遴选与调度、组织与协调、社会捐赠以及运转经费等方面还有所欠缺，解决这些问题已经成为网络管理者的重要关注对象，一套更加成熟与完善的网络运转机制将会成为世界地质公园网络发展的重要保证。

第四，在促进地质遗迹保护、发展地方经济以及推动地学的科普等方面将发挥更明显的作用。随着地质公园知名度的不断提高、发展经验的积累，以及网络成员影响范围的扩大，世界地质公园网络将更加有力地促进地质遗迹保护和地方经济发展，并深入推动地学科普。

7.4 我国的世界地质公园发展历程及展望

中国是最早也是最积极参与世界地质公园建设的国家之一，GGN项目推行伊始，中国世界地质公园获得爆发式成果，3年内，分别申报成功8家(2004年)、4家(2005年)和6家(2006年)世界地质公园，这些先驱公园和申报团队为该项目提供了大量宝贵经验。2007年后，每年申报数量改为至多推荐2家预选公园，截至2020年7月，我国世界地质公园共有41家，见表7.1。

表 7.1　中国世界地质公园一览表

序号	世界地质公园简称	所在地	世界级地质遗迹	申报获批年份
1	黄山	安徽	花岗岩地貌	2004
2	庐山	江西	断块山、第四纪冰川	2004
3	云台山	河南	云台地貌、大型裂谷	2004
4	石林	云南	喀斯特石林地貌	2004
5	丹霞山	广东	丹霞地貌	2004
6	张家界	湖南	砂岩峰林地貌	2004
7	五大连池	黑龙江	火山地貌、火山堰塞湖	2004
8	嵩山	河南	地层遗迹、构造地貌	2004
9	雁荡山	浙江	火山地貌	2005
10	泰宁	福建	丹霞地貌	2005
11	克什克腾	内蒙古	花岗岩石林、第四纪冰川	2005
12	兴文	四川	喀斯特地貌	2005
13	泰山	山东	变质岩系、构造地貌	2006
14	王屋山-黛眉山	河南	构造地貌	2006
15	雷琼	海南/广东	火山口湖、滨海火山	2006
16	房山	北京	北方喀斯特、第四纪人类遗址	2006
17	镜泊湖	黑龙江	火山地貌、火山堰塞湖	2006
18	伏牛山	河南	造山带地貌、恐龙蛋化石群	2006
19	龙虎山	江西	丹霞地貌	2007
20	自贡	四川	恐龙化石群、古钻井	2007
21	阿拉善盟	内蒙古	沙漠、风成地貌	2009
22	秦岭终南山	陕西	造山带地貌、第四纪冰川	2009
23	乐业一凤山	广西	喀斯特地貌	2010
24	宁德	福建	火山地貌、花岗岩地貌	2010
25	香港	香港	火成岩地貌	2011
26	天柱山	安徽	超高压变质带剖面	2011
27	三清山	江西	花岗岩地貌	2012
28	神农架	湖北	地层构造剖面	2013
29	延庆	北京	北方喀斯特、恐龙化石群	2013
30	大理苍山	云南	第四纪冰川、变质岩遗迹	2014

续表 7.1

序号	世界地质公园简称	所在地	世界级地质遗迹	申报获批年份
31	昆仑山	青海	现代冰川、地震遗迹	2014
32	织金洞	贵州	喀斯特洞穴	2015
33	敦煌	甘肃	雅丹地貌	2015
34	阿尔山	内蒙古	火山地貌	2017
35	可可托海	新疆	花岗岩地貌、伟晶岩矿床	2017
36	光雾山一诺水河	四川	喀斯特地貌、构造地貌	2018
37	黄冈大别山	湖北	造山带地貌、花岗岩地貌	2018
38	沂蒙山	山东	岱崮地貌、花岗岩地貌	2019
39	九华山	安徽	花岗岩地貌	2019
40	湘西红石林	湖南	红色碳酸盐岩石、喀斯特地貌	2020
41	张掖	甘肃	丹霞地貌	2020

7.4.1 中国世界地质公园的分布

7.4.1.1 分布状况特点

中国世界地质公园的分布范围很广,64%的省级行政区都建立了世界地质公园。公园种类多、覆盖面广,从高原地区到沿海地带,大部分地貌类型区、构造区、水文区都建立了世界地质公园。在地质遗迹类型方面,喀斯特地貌、砂岩地貌、火山岩地貌、湖沼地貌比比皆是,还有一定规模的沙漠地貌、现代冰川地貌等,类型十分丰富。但根据各分区图来看,也突出了公园分布的不均匀性,从行政区域上看,公园数量东部、南部、中部多,西部、北部少;从自然地理区域上看,温暖湿润区多,寒区旱区少;从人口分布来看,尤其是以“胡焕庸人口线”为划分的东、西部来看,东部远远多于西部,差距极为悬殊。总的来说,人口越密集的地区世界地质公园越多,人口密集程度与公园建设进度呈重要的正相关关系。

7.4.1.2 分布状况诱因

中国世界地质公园分布非常不均匀,“东强西弱”的态势相当明显。总体来看,导致当前公园分布状况主要可以归结为两个原因:自然条件因素和地区发展因素。

在自然条件上,中国的大地构造格局受西伯利亚板块、印度板块和太平洋板块的三重影响,整体上东部、西部都具备形成地质构造复杂区的条件,但在晚三叠世—早侏罗世中国古大陆大规模形成后,与现有公园成景密切相关的构造活动,如多变的火山活动及中小型坳陷盆地的形成,在东部更为密集,加上现代气候东部更为多变,致使东部最终形成的地质遗迹更为多样化。西部主要以大型稳定盆地和大型山体为主,所发育的地质遗迹景观相对单一。

另外,地区发展因素也与世界地质公园发展程度紧密相关,在初涉世界地质公园项目时,中国东部的地质地貌在大众中有着更好的显示度,同时东部也具备更充足的人力和物力,人口和发展水平对公园建设产生了不可小觑的影响,所以地质公园在东部分布较多。在许多发展落后的西部区域,世界地质公园难以成为当地发展的当务之急,基础设施建设、教育、医疗往往更为重要,因而世界地质公园建设很难成为一个热点。但不得不提,从地质内容来看,西部很多区域的地质遗迹也毫不逊色,存在巨大的发掘潜力。

7.4.2 中国世界地质公园的优势

作为全球范围内世界地质公园数量最多的国家,中国唯有多方面的优势才能获得当下的成绩。从当前发展成果来看,最明显的优势体现如下。

7.4.2.1 地域辽阔,地质内容丰富

中国疆域东西自黑龙江与乌苏里江汇合处的东经 135°05′E 到帕米尔高原的东经 73°33′E,南北自南沙群岛的曾母暗沙的北纬 3°51′N 到漠河的北纬 53°33′N,距离都跨越了 5000km 以上,地理范围足够广阔。海拔从最低的吐鲁番盆地艾丁湖(湖面低于海平面 154m),到最高海拔珠穆朗玛峰顶峰 8 848.43m,也属全球首屈一指,空间上基本覆盖了各种从低到高的地理内容。此外,中国还有超过 3.2×10^4 km 的海岸线,无论海还是陆,都达到了世界上其他国家难以企及的规模。可以说,地域辽阔是我国世界地质公园最核心的优势。充足的地域孕育了包罗万象的地质内容,这也为更多的世界级地质遗迹奠定了基础。

7.4.2.2 世界级品牌众多

世界地质公园并不是唯一一个因涉及自然与文化遗迹、生物多样性、人与自然关系而被给予国际认可的品牌,目前国际上同样对这些世界级瑰宝进行认可的,还有联合国教科文组织的世界自然遗产、世界文化遗产、人和生物圈保护区等其他品牌。我国 1985 年加入了《保护世界文化和自然遗产公约》,截至 2019 年7 月,我国共有 55 个地区被联合国教科文组织列入《世界遗产名录》,其中世界文化遗产 37 处,世界自然遗产 14 处,世界文化和自然遗产4 处。截至 2018 年 7 月,我国已有 34 个自然保护地成功申报为人和生物圈保护区。我国的国际品牌之多,是世界上少有的。

7.4.2.3 研究基础深厚

早在 1978 年,国家住房与城乡建设委员会就提出建立风景名胜体系,实施分级管理,同年,国务院在全国城市工作会议上要求抓好风景、名胜、古迹的保护和开发建设;20 世纪 80 年代初,我国地质学者开始对地质公园的建设进行探寻,从可查阅到正式发表的文献来看,最早由殷维翰等(1983)开拓性地建议发展“名胜地质学”,建设“地质公园”;1985 年,中国旅游地学研究会成立,旅游地学学科建立(陈安泽,1988);诸多学者积极探索和助推了起步中的旅游地

质学;1991 年,里程碑专著《旅游地学概论》出版;90 年代中期之后,旅游地学进入了迅猛的发展时期,国家不断出台政策支持地质公园建设;2000 年 10 月,我国首批国家地质公园诞生。

成功建立国家地质公园后,我国学者对世界地质公园的探索和研究进入了高潮,各界学者就联合国颁布的各种规则做了及时详细的解读和研究(赵逊等,2002;李一飞等,2007),为国家地质公园到世界地质公园搭建了桥梁(赵逊等,2003a)。第一批中国世界地质公园诞生后,开始有学者积极深入探讨世界地质公园可持续发展、遗迹保护、灾害分析、管理模式、旅游前景等问题,并取得了丰硕的成果。截至 2018 年 12 月,在可检索的文章或报道中,包含"地质公园"词条的达 2000 余篇,包含"地质遗迹"词条的有 1200 余篇,涵盖地质旅游、遗迹保育、地质灾害、公园维护与管理等词条的超过 5000 篇。2004 年第一批世界地质公园建立后,地质公园在国内迅速升温,文章和报道发表数量快速提高,其中不乏大量优质的研究型论文。这些成果为世界地质公园申报工作提供了宝贵经验。

7.4.2.4 地质与环境保护到位

在地质遗迹保护方面,国家和地方对地质公园的投入非常大,我国以政府的名义进行保护,效率与力度并重,是将遗迹保护工作推进得最好的国家之一。

对于环境整治和自然保护等问题,国家统计局数据统计显示我国国家财政环境保护支出 2017 年为 5 617.33 亿元,污染治理投资总额从 2004 年第一批世界地质公园建立的 1 909.8 亿元,上涨到 2017 年的 9 538.95 亿元,涨幅近 5 倍;地质灾害防治投资和地质灾害防治项目数也在逐年提高;自然保护区个数从 2004 年的 2194 个增长到 2017 年的 2750 个,保护区总面积基本保持不变,保护效率逐渐提高。除国家层面外,很多公园通过技术团队进行了遗迹保护的专题研究,这也从技术上得到了充足的保障。而且从实际情况来看,绝大部分世界地质公园的环境与地质保育情况也都优于其他公园。

7.4.2.5 地质与原住民关系紧密

世界地质公园强调"地质与人"的关系,而我国是一个历史悠久的多民族国家,56 个民族都有自己的原住地和历史,地域性非常突出。不同的民族代代居住于不同地形地貌区,山区、平原、草原等不同的地质条件对原住民产生影响,形成了与居住环境相适应的风俗习惯。我国在申报世界地质公园时,"地质与人"方面常常是突出的亮点。

以张家界世界质地公园和湘西世界地质公园为例,张家界地区和湘西地区都是峡谷纵横,交通不便,冬冷夏热,湿气严重的地区,这种恶劣的自然条件决定了土家族原住民必须搭建吊脚楼,才能保持干燥;户户之间呈台阶式布置、村寨之间沿山涧沟壑排列,才能获得足够的日照;饮食上,养成以酸、辣为主,才能尽量满足对防腐和除湿的诉求;身体素质上,原住民嗓音洪亮,才能保证在峡谷中传达讯息,体格小而精悍,才能在恶劣地形中穿梭自如;风俗上,土家摆手舞、毛古斯等非物质文化遗产多以农事活动、打猎为主题,反映原始的日常生产生活,也象征原住民对自然的敬畏之心。这些元素仅是中国千千万万少数民族风俗中的冰山一角,还有大量其他具有浓郁少数民族特色的地区值得探究和发掘,中国在地质与原住民方面完全能够达到世界地质公园的标准。

7.4.2.6 政策支持力度大

国家与地方政府对世界地质公园的支持力度比较大。虽然世界地质公园起源于欧洲，但欧洲很多国家由于政策与政府的原因对世界地质公园付出的力量并不是很充足，很多公园最开始都是民间组织或地质爱好者发现地质遗迹，再向上建议建设公园，虽然初衷是好的，但缺乏政策的支持，以这样的力量到后期会有很大的管理和经费困难。典型的如奥地利卡尔尼克阿尔卑斯世界地质公园，在2016年得到"黄牌"后，直至2018年"再评估"时仍无法凑足20万欧元经费作为公园当年正常运作开支，"黄牌"整改更是困难重重，最终，卡尔尼克阿尔卑斯世界地质公园在2019年被联合国除名，不再拥有世界地质公园地位。我国地质公园建设则是国家层面提出战略规划，由上至下的推行至地方，再由地方进行申报。这样的政策更偏向于主动权在地方，既可以全面地搜集更好的地质遗迹，也可以提高建设地质公园效率。

此外，中国经济发展的迅猛势头是一个强大后盾，其中带动的旅游业功不可没，数据显示2004年全年中国国内游客总数为1102百万人次，2017年上涨为5001百万人次，涨幅近5倍，游客总花费从4 710.7亿元上涨到45 660.8亿元，涨幅近10倍。这些增长强烈刺激了旅游业发展，也对地质公园持续建设和发展有非常积极的促进作用。这是一个良性循环，在良好的政策引导下，建设有意义、有价值的地质公园更轻车熟路，反过来地质公园又能给国家和地区提供快速的旅游收入增长。在新时代下，开拓更多的国际品牌，获得更多国际荣誉，也成为一个新的需求，尤其是我国近年来担负着全面脱贫攻坚的重任，帮助当地居民脱贫也是世界地质公园的要求之一，建设地质公园有利于带动地方脱贫，各级政府机构支持力度越来越大也是一个可见的趋势。

7.4.3 中国世界地质公园的类型及岩石构造

关于世界地质公园的类型，目前为止官方尚无相关划分，而随着公园数量的增加，公园类型的研究与划分日渐重要。早期学者从地质公园大类划分起步，逐步深化到多角度的类型划分。近5年，中国地质学者对公园类型划分的探讨有所增多，有学者将中国世界地质公园划分为地质剖面、地质构造、古生物、地貌景观4个大类，以及10个亚类；有学者根据中国世界地质公园所在地域范围是否自成一体，即是否只有一个公园边界，将其划分为分散型与整体型。另有学者以公园主推的地质遗迹作为地质公园划分依据，选用地貌学名词对公园进行归类，按照公园核心地质遗迹所处的地貌类型，将目前现有的中国世界地质公园划分为山麓型、低山型、荒原型、滨海型、湖沼型、洞穴型6个类型。在此分类法中，"山麓型"公园专指核心地质遗迹地形起伏大、山体陡、顶底高差大、存在明显坡折的山地遗迹公园；"低山型"公园是指主体坡度缓、高差小的丘陵状遗迹公园；"荒原型"公园指地质遗迹片区植被贫乏、降水较少、物理风化剧烈，尤其指中国西部和北部以戈壁、沙漠、石漠、冰川、冻土等地貌为特色的公园；"滨海型"公园指核心地质遗迹直接与海洋相连，包括以滨海火山、海岸侵蚀和海岸堆积等地貌类型为主的公园。其余"湖沼型"和"洞穴型"公园则字如其意，对应以湖泊沼泽和洞穴遗迹为主的公园。上述学者都从不同使用目的、不同侧重点对世界地质公园进行了划分，各有优点与不足。世界地质公园的划分标准有待进一步深化探讨和细化分类。

中国世界地质公园的岩石类型丰富，沉积岩、火成岩、变质岩均可形成世界级地质遗迹，构造影响时间跨度长，遗迹所记录的构造运动时间从3.0Ga前延续到现代。其中，变质岩受到的构造改造作用时间最长，多在2.5Ga左右；沉积岩和火成岩受侏罗纪及以后的构造运动影响为主；碳酸盐岩遗迹受控于新构造运动作用最为明显；喷出岩遗迹形成时限较短，因岩浆大部分严格受控于断裂活跃期，且喷发后形成稳定状态较快。

绝大部分核心地质遗迹在初始状态形成后，都受到水流、冰川、风等外动力地质作用影响(除自贡恐龙化石和盐井与外动力地质作用关系不大)，外动力地质作用在景观形态形成中起到重要的作用。其中，水流是对景观改造最为普遍的原因，具体包括降雨淋滤、河流侵蚀、集中汇水等。第四纪冰川和风成改造作用也对景观进行了改造。

另外，针对这些世界级地质遗迹所蕴含的独特的岩石构造特征，各国地质地理学家还总结提炼了许多地貌专业术语，如丹霞地貌、雅丹地貌、云台地貌、岱崮地貌等，它们代表了一系列发育于特定地层、受控于特定构造且形成了特殊形态组合的地貌景观。它们具有首创性和概括性，为地质遗迹研究提供了良好典范，也为公园本身提供了亮点。

7.4.4 中国代表性世界地质公园简介

7.4.4.1 安徽黄山世界地质公园

安徽黄山世界地质公园(图7.1)位于安徽省南部黄山市境内，是以中生代花岗岩地貌为特征的地质公园。黄山原名黟山，因峰岩青黑，遥望苍黛而名。后因传说轩辕黄帝曾在此炼丹成仙，唐玄宗信奉道教，故于天宝六年(公元747年)六月十七日改名为“黄山”。据地质资料分析，10亿年前，今天的黄山地区处于一片汪洋大海之中。两亿年前经历中生代三叠纪“印支地壳运动”变为陆地。此后，又历经多次造山运动的磨砺和第四纪冰川的洗礼才逐渐形成，被世人誉为“天下第一奇山”。

7.4.4.2 江西庐山世界地质公园

江西庐山世界地质公园(图7.2)位于江西省九江市，北濒长江，南傍鄱阳湖，面积548km^2，素有“匡庐奇秀甲天下山”的美称。江西庐山世界地质公园内发育着地垒式断块山与第四纪冰川遗迹，以及第四纪冰川地层剖面和古元古代星子岩群地层剖面。截至2010年，在庐山共发现一百余处重要冰川地质遗迹，完整地记录了冰雪堆积、冰川形成、冰川运动、侵蚀岩体、搬运岩石、沉积泥砾的全过程，是中国东部古气候变化和地质特征的历史记录。与欧洲阿尔卑斯地区及北美地区第四纪冰川活动特征有许多相似之处，具有全球对比意义，对研究全球古气候变化和地质发展史具有极高的科学价值。

7.4.4.3 河南嵩山世界地质公园

河南嵩山世界地质公园(图7.3)位于河南省登封市和偃师市境内。河南嵩山世界地质公

图 7.1　安徽黄山世界地质公园

（http://www.globalgeopark.org.cn/parkintroduction/geoparks/china/11909.htm）

图 7.2　庐山世界地质公园

（http://www.globalgeopark.org.cn/parkintroduction/geoparks/china/11913.htm）

园是一座以地质构造为主，以地质地貌、水体景观为辅，以生态和人文相互辉映为特色的综合性地质公园。主要地质遗迹类型为地质（含构造）剖面，在嵩山世界地质公园内，连续出露着太古宙、元古宙、古生代、中生代、新生代 5 个地质历史时期的岩石地层序列，地学界称之为“五代同堂”。

图 7.3 河南嵩山世界地质公园

(http://www.globalgeopark.org.cn/parkintroduction/geoparks/china/11928.htm)

7.4.4.4 云南石林世界地质公园

云南石林世界地质公园(图 7.4)位于云南省昆明市石林彝族自治县境内。石林因其发育演化的古老性、复杂性、多期性和珍稀性以及景观形态的多样性,具有很高的旅游地学科普价值,成为世界上反映此类喀斯特地质地貌遗迹的典型范例。云南石林保存和展现了最多样化的喀斯特地貌形态,高大的剑状、柱状、蘑菇状、塔状等石灰岩柱是石林的典型代表,此外还有溶丘、洼地、漏斗、暗河、溶洞、石芽、钟乳、溶蚀湖、天生桥、断崖瀑布、锥状山峰等,几乎世界上所有的喀斯特地貌形态都集中在此,构成了一幅喀斯特地质地貌全景图。

图 7.4 云南石林世界地质公园

(http://www.globalgeopark.org.cn/parkintroduction/geoparks/china/11912.htm)

7.4.4.5 湖南张家界世界地质公园

湖南张家界世界地质公园(图 7.5)位于湖南省西北部张家界市武陵源区,所在区域地质构造处于新华夏第三隆起带。湖南张家界世界地质公园大致经历了武陵-雪峰运动、印支运动、燕山运动、喜马拉雅运动及新构造运动。武陵-雪峰运动奠定了本区域的基地构造,印支运动塑造了湖南张家界世界地质公园的基本地貌构架,而喜马拉雅运动、新构造运动是形成张家界奇特的石英砂峰林地貌景观的最基本因素之一。砂岩峰林地貌的地层主要由上古生界中、上泥盆纪云台观组和黄家墩组构成,地层具有滨海相碎屑岩类特点。岩石质纯、层厚,底状平缓,垂直节理发育,岩石出露于向斜轮廓。外力地质活动作用的流水侵蚀和重力崩坍及生物生化作用、物理风化作用,则成为构造该区域地貌的外部条件。因此,它的形成是在特定的地质环境中由于内外地质重力长期相互作用的结果。

图 7.5 湖南张家界世界地质公园

(http://www.globalgeopark.org.cn/parkintroduction/geoparks/china/11927.htm)

7.4.4.6 陕西秦岭终南山世界地质公园

陕西秦岭终南山世界地质公园(图 7.6)位于秦岭中段,是世界典型的复合型大陆造山带,是形成统一中国大陆的主要结合带,横贯东西,位居中央,成为中国南北天然的地质、地理、生态、气候、环境,乃至人文的自然分界线,具有全球地质共性中的独特性,其造山带与盆山地质科学内容丰富、典型、集中,富有代表性,长期受到国内外地学界的关注。秦岭终南山世界地质公园是中国南北大陆板块碰撞拼合科学遗迹保存最好的地带之一,并且秦岭北麓大断裂是典型的造山带和裂谷盆地交接区域。总的地貌特征为北仰南俯,山大沟深,山岭与河谷、台地相间。主要地貌单元有山前冲积、洪积扇群、黄土台原、地垒断块山(骊山)、流水侵蚀剥蚀的黄土高丘陵、流水侵蚀剥蚀的大起伏中山、古冰川作用形成的极大起伏高山。

图 7.6　陕西秦岭终南山世界地质公园

(http://www.globalgeopark.org.cn/parkintroduction/geoparks/china/12039.htm)

7.4.4.7　甘肃敦煌世界地质公园

甘肃敦煌世界地质公园(图 7.7)位于甘肃省敦煌市,由雅丹景区、鸣沙山-月牙泉景区以及自然景观游览区和文化遗址游览区组成,敦煌世界地质公园所在的敦煌盆地南北高中间低。区内地貌主要以风蚀、风积地貌为主,伴随有间歇性洪水作用形成的地貌。总体地势为自东向西倾斜,东部海拔最高的鸣沙山可达 1650m,西部海拔最低为 814m。其主要的地貌类型包括山地、平原和盆地。公园内发育了雅丹、戈壁、沙漠、湿地、绿洲等多种地貌类型,其中雅丹、戈壁和沙漠是极端干旱地区地貌类型的典型代表。

图 7.7　甘肃敦煌世界地质公园

(http://www.globalgeopark.org.cn/parkintroduction/geoparks/china/11924.htm)

7.4.4.8 内蒙古克什克腾世界地质公园

内蒙古克什克腾世界地质公园(图7.8)位于内蒙古赤峰市克什克腾旗，以第四纪冰川群和花岗岩石林地貌及地质构造为主要特色。园区内具有10种类型的地质地貌景观，即冰川地貌、花岗岩地貌、火山地貌、泉类地貌、峡谷地貌、湖泊景观、河流景观、湿地景观、典型矿床及采矿遗迹景观和沙地景观。克什克腾世界地质公园地处大兴安岭山脉、燕山山脉、浑善达克沙地三大地貌的结合部，是一个由第四纪冰川遗迹、花岗岩地貌、台槽构造缝合线、高原湖泊、河流、火山地貌、沙漠、草原、温泉及高原湿地等遗迹或景观组成的综合型世界地质公园。

图7.8 内蒙古克什克腾世界地质公园

(http://www.globalgeopark.org.cn/parkintroduction/geoparks/china/11916.htm)

7.4.4.9 福建泰宁世界地质公园

福建泰宁世界地质公园(图7.9)位于福建省西北的三明市泰宁县，泰宁地质公园以丹霞地貌为主体，兼有花岗岩地貌、火山岩地貌、构造地貌，构成大型综合性地质公园，其中石网园区、大金湖园区及八仙崖园区的龙王岩、大牙顶景区为丹霞地貌，金饶山园区为花岗岩地貌，八仙崖园区的白牙山景区为火山岩地貌。峡谷极其发育是青年期丹霞地貌的最主要特征。多期构造活动形成的复杂断裂系统加上水流作用，雕塑了地质公园沟壑纵横的地貌景观。由80多处线谷(一线天)、150余处巷谷、240多条峡谷构成的峡谷群，以峡谷深切、丹崖高耸、洞穴众多、生态天然为特色。

图 7.9 福建泰宁世界地质公园(http://www.globalgeopark.org.cn/parkintroduction/geoparks/china/11914.htm)

7.4.4.10 四川自贡世界地质公园

四川自贡世界地质公园(图 7.10)位于四川省南部历史文化名城自贡市境内,公园以闻名遐迩的中侏罗世恐龙化石遗迹和历史悠久的井盐遗址为特色,辅以有"活化石"之称的桫椤孑遗植物群景观,并融合自贡厚重的历史文化,是一个集科学研究、科普教育、观光游览和休闲度假等多功能为一体,具有丰富科学内涵、浓郁地方特色、浓厚文化气息和优雅美学观赏价值的世界地质公园。

图 7.10 四川自贡世界地质公园(http://www.globalgeopark.org.cn/parkintroduction/geoparks/china/12036.htm)

7.4.5 中国世界地质公园的问题与展望

7.4.5.1 中国世界地质公园存在的问题

世界地质公园建设与发展是一个循序渐进的过程，任何国家和地区都无法避免在运行中产生问题。中国也不例外，在发展了多年之后，中国世界地质公园的发展也逐渐出现了一些问题。首先，如上文所述，中国世界地质公园分布不平衡已属事实，这牵涉到地区发展不平衡的问题。如何在未建园的地区适当建设地质公园，让不同类型的地质遗迹能得到宣传和展示，需要从大局上考虑并合理利用大自然。其次，在已建公园内部也产生了一些问题，对于公园申报成功后无法避免的发展和管理问题，联合国教科文组织一直都在逐步制定与完善相应的规定，以指导公园应保持的发展方向。国内也有许多学者尝试借鉴不同国家、不同级别的地质公园管理经验对中国世界地质公园管理进行对比研究。总体上看，对于已建的公园目前主要存在以下若干问题。

(1)公园质量保持问题。主要指保持地质遗迹不受破坏、公园基础设施系统保持完善等方面，涉及人员配备、经费配备等问题，是一个需要持续的过程。

(2)公园氛围与公众疏远问题。游客难以身临其境，公园的可进入性比较差，相应功能无法发挥。原因之一在于我国地质公园所在的地形地貌普遍较崎岖，加上地质公园尤其是山麓型地质公园的特殊性，可进入性不如其他的自然公园；另外一些地质公园受到地质条件、规划、投资限制，或是出于对特殊地质遗迹的保护需求，缺少缆车、索道等辅助游览方式。这一点与欧洲阿尔卑斯山周缘的世界地质公园相似，需要结合公园所在地的实际地质情况进行相适应的辅助游览建设，不能够随便强行开辟旅游道路、搭建缆车，对地质公园造成不可逆的损伤，游客的人身安全也得不到保证。

(3)民众参与度低。这是"由上至下"申请世界地质公园最容易产生的弊端。世界地质公园强调人的参与，虽然我国地质与人的关系紧密，但很多公园匆忙立项申请，民众没有充分的时间理解世界地质公园的内涵，更无法参与到日常的宣传和维护当中，公园缺乏深厚的原住民基础沉淀，在申请成功之后，政府的推动力量减小或停止，公园就失去了其主动发扬和宣传原住民文化应有的角色。2017 年后联合国进一步明确了评估要点，民众与地质公园关系的考核尤为严格，这是我国世界地质公园容易疏漏的问题。所以在强调建园效率的同时，更应首先保证原住民在地质公园的参与是实实在在的，这才是世界地质公园应有的面貌，才符合世界地质公园建设的初衷，也才符合世界地质公园越来越严格的评估要求。

(4)公园有效管理不足。管理是公园"再评估"的重要考核内容，也更容易出现问题，早期体制不健全的问题也有所存留。涉及中国世界地质公园"通病"的，容易让公园一票"黄牌"或"红牌"。首先，我国世界地质公园在以往一般由当地国土部门申报并管理，但世界地质公园需要有一个独立的管理机构，一些公园并未突出此机构的独立性而是将其挂靠在其他部门，管理机构对公园无实际权力，且经费也无法独立。

(5)公园必备人才缺失。公园建成后需要承担的地质科普、自然资源保护等一系列事业因缺乏对应专业的人才或缺少志愿者执行起来存在一定困难。

(6)世界地质公园边界修改困难。早期一些公园在申报之时将边界与其他世界级品牌(如世界遗产)完全重合,或园区彼此不相连,或有扩园需求,后期修改扩园较为费时费力。

7.4.5.2　中国世界地质公园的申报展望

未来中国世界地质公园申报可做如下展望。

(1)以地质资源主题突破。空白地区通过地质遗迹集群所处的地貌类型,如喀斯特地貌区、冰川区、湖沼区、大型断裂带等地质遗迹相对集中的地区寻找有价值的地质遗迹,可以提高地质遗迹探索效率。例如喀斯特地貌区,中国喀斯特地貌面积辽阔、地貌多样、生物生态丰富,已建成数个以喀斯特地貌为主题的世界地质公园,有迹可循;冰川区,寒旱环境为主,目前只有可可托海、昆仑山和阿尔山达到年无霜期100d以下,且现代冰川只有昆仑山,其他地区潜力巨大;湖沼区,我国西部高原湖群、长江流域湖群、东北沼泽群等分布广泛,但以此作为主题的公园很少,容易开发,性价比高;断裂带方面,郯庐断裂带、祁连山海原断裂带、青藏高原地区断裂带等,依托大型构造背景,局部凸显堑垒遗迹、褶皱遗迹、地震遗迹。这个方式具有更强的目的性,在目标区域直接寻找对应的具体遗迹,效率更高。近期在喀斯特地貌区发现的陕西汉中天坑群就是一个成功范例。

(2)利用西部现有旅游集中区发展潜在的地质公园。西部地质公园最大的发展限制是地广人稀、条件落后,未来中国世界地质公园的发展若要缓和东强西弱的现状,最有效的途径是通过利用西部现有旅游集中区,辐射旅游线路发展周缘的地质遗迹,在旅游热度增加后逐步建立地质公园。这就要求在现有的旅游条件下,去寻找具有突出价值的地质遗迹。正如上文所述,西部很多地质遗迹在价值方面完全达到世界级的标准,梳理和总结后不难达到申报世界地质公园所需的地质条件。以西藏、新疆、甘肃为例,拥有艾丁湖,中国海拔最低的地点,也是仅次于约旦死海的世界第二洼地;库木塔格沙漠是世界上离城市最近的沙漠;西藏定日是世界上最大的鱼龙化石产地;玛旁雍错湖是世界上海拔最高的淡水湖,也是中国透明度最大的淡水湖,以及亚洲四大河流的发源地;"七一"冰川的平均厚度78m,位于祁连山,是整个亚洲距离城市最近的可游览冰川;黑河大峡谷是世界第三大峡谷,含冰川800余处,也是中国第二大内陆河;羊布拉克冰川位于帕米尔高原,拥有世界上海拔最高的天然滑雪场。这些地质遗迹或多或少都具备了一定的旅游基础,十分具有西部特色,完全可以尝试将其进一步与常规旅游线路串联,增加地质内容在旅游线路中的比重,让游客看到更多地质之美,循序渐进,为建设世界地质公园打好基础。

(3)通过新型旅游方式增加西部地质遗迹显示度。无论是上文提及的利用世界级品牌,还是依托西部当前旅游集中区,短时间内对于在广袤的西部发展地质公园可能依然是作用有限的手段,能顾及的地域范围不大。西部的自然条件比较恶劣,交通条件也相对落后,建设公园未必会吸引来大量游客,难以填补建园与维护的成本,因而达不到建设世界地质公园的目的。从长远看,可以尝试通过新型旅游方式,如3D虚拟游览、模拟航拍游览等,让大众在虚拟环境中欣赏到西部的地质遗迹和自然风光或增加互动。5G时代的到来,旅游适应新的时代,减少不必要的实体公园开发，转而让已建公园和即将建设的公园内容精益求精，追求精品化，增加公园建设的回报效率。这对于眼下西部大量地质遗迹显示度不足的现状，可能是一个更好的发展途径。

习题与思考题

1. 地质公园设立的意义是什么？
2. 你对世界地质公园网络有哪些了解？
3. 目前中国共有多少家世界地质公园，占总数的多少？
4. 请简要介绍几处你所熟知的地质公园。

8 风景名胜区

8.1 风景名胜区的概念

风景名胜区是风景名胜资源集中、自然环境优美、具有一定规模和游览条件，经省级以上人民政府审定命名、划定范围，供人们游览、观赏、休息和进行科学文化活动的地域。人们对风景名胜的印象往往因人而异。有人认为，风景名胜区拥有丰富的自然风景资源和历史遗迹资源。有人认为，自然、文化和历史资源丰富的地区可以发挥观光和娱乐的功能。一般来说，它们远离城镇或在风景秀丽的旅游城市，并且具有开发强度极低、以自然环境为主、布局分散、土地类型单一等土地利用特点。也有人认为，风景名胜区是以典型、具有美感的自然景观为基础，渗透着人文景观和优良环境之美，主要满足人们精神文化生活需要的多功能区域性空间综合体。风景指的是自然风光，景点指的是历史遗址和文物。总之，风景名胜区是具有形、色、动、静相间，富有诗情画意，令人赏心悦目的地域空间。风景名胜区，常常被人们简称为风景区。但严格来说，二者是有很大的区别。风景名胜区是风景名胜资源集中的地域，而不是一般风景资源，在风景区内，不一定有名胜资源。风景名胜区是按法定程序，依法划定的地域，具有法定的范围界线，风景区则不然。风景名胜区对于保护国家遗产资源，树立国家和地区的典型形象，促进生态文明和人文发展，促进自然、社会、科技和经济全面协调发展，均发挥着重要作用。

8.1.1 风景名胜区的定义

8.1.1.1 名胜的定义

名胜指具有观赏、文化或科学价值的山河、湖海、地貌、森林、动植物、化石、特殊地质、天文气象等自然景物和文物古迹，革命纪念地、历史遗址、园林、建筑、工程设施等人文景物以及它们所处的环境，风土人情等。我国辞书中解释名胜为“有古迹或优美风景的著名风景地”。由此可见，一地若只是有古迹，或有优美风景，那它还不是名胜。这些古迹或优美风景一定要是有名的，即达到“著名的”程度才可以称之为名胜，有景而不著名，则不能称之为名胜。

8.1.1.2 风景名胜的定义

风景名胜是指以独特自然景物和悠久历史文物古迹取胜的风景，即成为名胜的风景。在某一风景里，若没有名胜，则不能称为风景名胜。在现实中风景处处可见，且不尽相同，但被称为名胜的风景仅为其中一部分。风景名胜只是其中的少数，故不能把所有的风景都称为风景名胜。

8.1.1.3 风景名胜资源

1. 风景名胜资源的概念

风景名胜资源是指富积着独特自然景物和悠久历史文物古迹，以景物环境为载体，人类实践创造的有普遍社会价值的优秀财富。风景名胜资源是风景资源中的一部分，是其中因具有观赏、文化或科学价值而著名的那一部分自然景物和人文景物及其所处环境和与之密切相关的民俗风情等。风景名胜资源与森林资源、矿产资源、水资源等其他资源一样，均属国家所有。风景名胜资源应当经过调查、评价、鉴定，确定其特点和价值。

2. 风景名胜资源的价值层面

随着人们物质和文化生活水平的提高，旅游变得越来越流行，旅游业因此逐渐兴起，“旅游资源”这一词也被人们广泛应用，并混同于风景名胜资源。其实，风景名胜资源与旅游资源是两个不同的概念，二者之间有相互重叠又有区别。风景名胜资源是全人类社会的财富，而旅游资源仅是对旅游者有价值，是旅游者的吸引物之一，是旅游产品的一种。风景名胜资源并不全部是旅游资源；同样，旅游资源也不全是风景名胜资源。确切地说，在风景名胜资源中，只有被旅游者所利用的那一部分风景名胜资源才可称为旅游资源，风景名胜资源存在的价值不仅仅是为了旅游。

风景名胜区的实际价值可分为 3 个层次：首先，利用风景名胜资源开展旅游，以直接取得经济效益；其次，通过对风景名胜资源的开发，使其成为本地区对外交流的窗口，提高本地区的知名度，从而振兴本地的经济和文化；最后，通过保护及合理开发风景名胜资源，为全人类文明进步服务。

3. 风景名胜资源特点

风景名胜区是将自然资源与人文资源融为一体，本身具有实物价值，此外它还有生态、服务等价值，它的利用价值包含了生态价值、服务价值和存在价值，如在科研、科普、文化、教育、艺术创作、旅游和促进经济发展等方面，要坚持保护始终是第一位，开发利用是第二位，风景名胜资源具体表现为以下特点。

(1)自然景物资源：包括地理地貌、水文景物、造型地貌、动植物、天文、气象、地质等和其他自然景观。

(2)人文景物资源:包括文物古迹,革命纪念地,现代经济、技术、文化、艺术科学活动成就所形成的景观,地区和民族的特殊人文景观。

(3)环境质量:包括地质地理背景、气象气候、水文、土壤植被、大气和水体的质量、自然和人为灾害、地方病情况等环境质量的综合评定。

(4)游览活动条件:包括交通、生活服务设施、公用工程设施、游览活动内容、社会经济文化状况、风景名胜资源分布情况和组成游览线路的条件以及其他有关游览活动的条件。

(5)规模和发展条件:包括现状、已经形成的游览活动范围、可能确定为风景名胜区的范围、开发区同保留的自然环境腹地面积的比例。

8.1.1.4 风景名胜区的定义

风景名胜区是指风景名胜资源集中,环境优美,具有一定规模和范围,可供人们游览、休憩或进行科学、文化活动的地区,经市(县)级以上人民政府审定命名,依法划出一定范围予以统一管理的区域。风景名胜区是经国家或地方政府批准成立的,是区域范围明确的分级别的地域,是一个国家法定的区域概念。国家风景名胜区,是颇具突出美学科学与历史文化价值,以自然景观为主,融人文景观为一体,有国家典型性、代表性的特殊区域。风景名胜区的定义主要归纳为以下几点。

①它是以自然风景作为基础,从传统的审美视角来看,自然风景美又包括了自然风景的宏观形象美、色彩美、线条美、动态美、静态美、视觉美、听觉美、嗅觉美等,具有较高的自然美学价值。②它的自然景观大多是具有典型性和代表性。③它是历史悠久文化丰厚的地域。一般都有成百上千年的历史,无不留下与自然风景融为一体的人文景观,颇具历史文化价值。④它是生态环境优良的地域。风景名胜区自然氛围较浓。⑤它是一种特殊用地。风景名胜区是从人类作为谋取物质生产或生活资料的土地中分离出来,成为专门满足人们精神文化需要的场所。⑥它是具有多种功能的地域。在风景名胜区可开展游览、审美、科研、科普、文学创作、度假、锻炼,以及爱国主义教育等活动。

风景名胜区是国家重要的自然与文化遗产,是为人类提供游览、观赏、休憩和进行多种科学文化活动的重要基地,是实现生态、环境和文化可持续发展的重要物质基础。我国历史悠久,文化源远流长,风景名胜区的独特之处就是融入了深厚的历史文化,其内蕴藏着更多、更深的历史文化内涵。因此,对风景名胜区历史文化、名胜古迹的保护尤为重要。

8.1.2 风景名胜区的分类

针对我国风景名胜区类型多样、规模不一的特点,对不同类型的风景名胜区实行分类,按不同的分类方法分为以下几类。

8.1.2.1 用地规模类型分类法

按风景名胜区用地规模可以分为以下 4 类。①小型风景名胜区:是指占地面积在 $20km^2$ 以下的风景名胜区。②中型风景名胜区:是指占地面积为 20～$100km^2$ 的风景名胜区。③大型风景名胜区：是指占地面积为 100～500 km^{2}的风景名胜区。④特大型风景名胜区：是指占地面积为 500km^{2}以上的风景名胜区。

8.1.2.2 景观类型分类法

1. 历史圣地类风景名胜区

此类别风景名胜区可供选择的类似名称有神圣之地、圣洁之地、名胜之地、祭祀祭祖之地、拜谒之地、崇敬之地、文化祖庭、封禅之地。用“历史圣地”作为这一类别名称适合表达该地域在中华民族文明历史的发生、发展进程中所承载的独特价值。如泰山风景名胜区（图 8.1）、黄帝陵风景名胜区、宝鸡天台山风景名胜区（炎帝故里）、峨眉山风景名胜区等。

图 8.1　泰山风景名胜区(http://tsgw.taian.gov.cn/art/2022/4/2/art_162237_10294914.html)

2. 山岳类风景名胜区

我国是一个多山的国家，山区和丘陵占国土面积的 2/3，山岳景观数量多且类别全。我国也是世界上最早把山岳作为风景资源来开发利用的国家。山岳类别风景名胜区在数量上居于我国首位。山岳是一种地貌，按海拔分为高山、中山、低山及丘陵。丰富的地貌是构成丰富景观资源的载体。山岳型风景名胜区，指以山景取胜的风景名胜区，具有地质、地貌、动植物等的生态价值和美学价值。如黄山风景名胜区、泰山风景名胜区、天柱山风景名胜区、峨眉山风景名胜区、庐山风景名胜区（图 8.2）、华山风景名胜区、衡山风景名胜区等。

3. 岩洞类风景名胜区

岩洞类风景名胜区是指以喀斯特地貌取胜的风景名胜区。岩洞风景是指岩石洞腔内的景观现象，是具有特别吸引力的地貌景观。我国的岩洞风景以岩溶洞穴景观最为丰富，风景价值最为独特，在世界上享有盛誉。其特有的洞体构成与洞腔空间、景石现象、水景、光景和气象、生物景象和人文风景，都具有颇高的风景价值。如龙宫风景名胜区（图 8.3）、织金洞风景名胜区等。

图 8.2　庐山风景名胜区(http://www.lushan.gov.cn/yxls/mlls/202006/t20200620_5217781.html)

图 8.3　龙宫风景名胜区(http://www.china－longgong.com/zhuti/detaild/2222.html)

4. 江河类风景名胜区

江河是2016年经全国科学技术名词审定委员会审定发布的名词，指陆地表面经常或间歇有水流动的线形天然和人工水道的总称。较大的称江、河、川、水，较小的称溪、涧、沟、渠等。江河类风景名胜区特指以经常有水流动的天然或人工水道为主体，且具有较高生态价值和人文美学价值的风景名胜区。如漓江风景名胜区(图 8.4)、楠溪江风景名胜区等。

图 8.4　漓江风景名胜区(https://www.liriver.com.cn/page/article/ylxl.ljjhy)

5. 湖泊类风景名胜区

由于湖盆成因的不同,湖泊类风景名胜区具有较大的规模和景观差异。湖泊类风景名胜区是指以宽阔水面为主要特征的风景名胜区。包括天然或人工形成的水体。天然湖泊的风景名胜区除水面作为主体之外,也要具有优美的风景,如滇池风景名胜区。人造湖泊的风景名胜区有红枫湖风景名胜区等。

6. 海滨海岛类风景名胜区

海滨风景资源具有海岸的基本景观风貌特点。不同的海岸地貌因分布形式不同可组成岬角、海湾、海峡、连岛沙堤、沙坝潟湖、海岛、群岛、岩礁、礁林、礁盘等。因基岩海岸的成岩特性和海蚀作用,可形成海蚀崖、海蚀台、海蚀洞和各类珊瑚岛礁等。海滨海岛类风景名胜区是指海滨风景资源占据其风景资源主体的风景名胜区。如三亚热带海滨风景名胜区(图 8.5)、胶东半岛海滨风景名胜区、嵊泗列岛风景名胜区等。

7. 特殊地貌类风景名胜区

特殊地貌类多指火山熔岩、热田汽泉、沙漠碛滩、蚀余景观、地质珍迹、草原、戈壁等。这类风景资源主要包括具有火山熔岩特点的地貌,如火山口、火山峰、熔岩流、熔岩原等;地热景观特点明显的热海、热田、热池、汽泉等;沙漠地貌景观突出的沙山、沙丘、沙窝、沙湖、沙生植物等;蚀余景观突出的石林、土林、化石林、雅丹地貌、丹霞地貌等;地质珍贵遗迹如典型地质构造地层剖面、生物化石、冰川碛滩等。这类风景名胜区是指特殊地貌类别风景资源占主体且特点明显的风景名胜区。如路南石林风景名胜区、五大连池风景名胜区等。

8. 城市风景类风景名胜区

这类风景名胜区由于其处于城市或靠近城区边缘位置,或因为城市的逐渐扩张而将风景

图 8.5　三亚热带海滨风景名胜区

(http://www.sanya.gov.cn/sanyasite/sjsy/202310/6dc519273a6048c0b0763d24f45cce61.shtml)

名胜区包含在城市内部，使之成为城市中的风景名胜区。这类风景名胜区与城市建设用地有交叉现象，全部或部分区域位于城市建设用地范围内，从而具备一部分城市公园绿地日常休闲、娱乐的功能。这类风景名胜区往往通过一定程度的人工建设，取得人工环境与自然风景的有机协调，从而在建设管理中具有一定的特殊性。如杭州西湖风景名胜区(图 8.6)、扬州瘦西湖风景名胜区、避暑山庄外八庙风景名胜区等。

图 8.6　杭州西湖风景名胜区(https://wgly.hangzhou.gov.cn/cn/whhz/sjyc/index.html)

9. 生物景观类风景名胜区

生物多样性是风景名胜区的重要特征之一，动物、植物、微生物都是风景名胜区中生态系统的一部分。生物景观类风景名胜区以独特的生态系统或物种为主要风景资源,并形成某种独特的生物景观。如云南省西双版纳风景名胜区(图 8.7)的热带、亚热带雨林,四川省蜀南竹海风景名胜区的楠竹林等。

图 8.7　云南省西双版纳风景名胜区

(https://www.xsbn.gov.cn/lfw/84112.news.detail.dhtml? news_id=1487928)

10. 壁画石窟类风景名胜区

壁画石窟类风景名胜区指具有古代石窟造像、古代壁画、远古岩画等作品的风景名胜区。石窟的历代造像、石刻、绘画、书法、装饰图案是历代宗教、建筑、音乐、民俗、雕塑、绘画、医药、文化交流等内容的具体表现形式,代表了我国不同历史时期的艺术风格、社会风貌和科技水平。我国三大石窟[甘肃敦煌莫高窟、山西大同云冈石窟、河南洛阳龙门石窟(图 8.8)]已经被列为世界遗产。

11. 纪念地类风景名胜区

纪念地类风景名胜区包括我国历史上的重大战争和著名的局部战役的军事遗址、遗迹,历史名人活动的遗址、遗迹,特色传统民居,古代特色产品的制作场所,以及古代城市、城堡及其遗址等文化遗产集中的区域。如湖南韶山的毛泽东同志故居和湖北隆中的诸葛亮故里等。

12. 陵寝类风景名胜区

至唐代开始,帝王的坟称为"陵",百姓的坟称为"墓"。我国风景名胜区中著名的坟冢大多为帝王或领袖的陵地。如西夏王陵风景名胜区、十三陵风景名胜区、临潼骊山风景名胜区、钟山风景名胜区等。

13. 民俗风情类风景名胜区

我国是多民族国家,人们的居住环境呈多样性,很多地区仍然保存和流传着独特的民风

图 8.8 河南洛阳龙门石窟(http://lywb.lyd.com.cn/html/2013-01/31/content_899858.htm)

民俗,并与其自然山水环境有机融合,成为具有特色的民俗风情风景名胜区。如黎平侗乡风景名胜区(图 8.9)等。

图 8.9 黎平侗乡风景名胜区(http://www.lp.gov.cn/newsite/zmlp/)

14. 休养类风景名胜区

休养类风景名胜区是指以休疗养避暑取胜的风景名胜区。如北戴河风景名胜区、莫干山风景名胜区、鸡公山风景名胜区等。

15. 工程类风景名胜区

工程类风景名胜区是指以古现代工程建设取胜的风景名胜区。如富春江-新安江风景名胜区、青城山-都江堰风景名胜区(图 8.10)等。

图 8.10　青城山-都江堰风景名胜区(https://www.djy517.com/pic-list.html? channelCode=mjtk)

8.1.2.3　资源价值类型分类法

风景名胜资源的价值分为直接使用价值、间接使用价值以及存在价值。

使用价值是一切商品都具有的共同属性之一。任何物品要想成为商品都必须具有可供人类使用的价值,使用价值是商品的自然属性。风景名胜资源的直接使用价值体现在游憩、教育和学术研究功能等方面。间接使用价值体现在保育或生态功能等方面。存在价值,又称为内在价值,是被生态学家视为物品的内在的表现形式,也就是景观本身品位的继承价值。一般是通过意愿调查法,对其存在价值进行估算。景观的使用价值与存在价值之和等于景观保护价值。景观的使用价值若小于存在价值,则风景名胜区的存在价值就可能会很大,并且可能会支配其直接和间接使用价值。

8.1.2.4　景观价值类型指标分类法

风景名胜区以景观价值类型为分类依据可分为科学价值主导型风景名胜区、历史文化主导型风景名胜区和观光价值主导型风景名胜区三大类型。

1. 科学价值主导型风景名胜区

科学价值主导型风景名胜区最大的功能是具有科学研究价值,尤其在生态和地球发展史方面具有重要的研究价值。

2. 历史文化主导型风景名胜区

历史文化主导型风景名胜区具有珍贵的历史文化、建筑艺术和美学方面的价值。例如承德避暑山庄-外八庙风景名胜区、八达岭-十三陵风景名胜区等，仍保存着古代人类活动创造的杰出环境要素。在我国，文物古迹往往存在于优美的风景之中，如杭州西湖、普陀山、泰山、峨眉山等，均兼有历史文化和自然景观两类风景的特点。此类又分为历史古迹和文化的两个亚类风景名胜区。历史古迹类风景名胜区中的历史古迹是人类文明的遗存，包括古人类遗址、古都城、古建筑、古工程、古陵墓、古园林，以及革命文物与纪念地等，如八达岭-十三陵风景名胜区等。文化类风景名胜区是人类交流思想传递信息的智慧结晶，也是人类文明传播的媒介，如普陀山、五台山、峨眉山、九华山等风景名胜区。

3. 观光价值主导型风景名胜区

此类风景名胜区具有很高的美学价值，且具有独特而优美的自然景色和人工景色，可供人们参观、游览、娱乐。在我国，此类风景名胜区的数量和类别诸多。根据风景名胜区观光的内容和性质，又可分出 4 个亚类：①自然类风景名胜区，指以自然形成的风景为主体，后经人工开发而成的一种游憩地；②民族风情观览类风景名胜区，指以民族地区特有的风土民情取胜的观光游览风景区；③现代工程观览类风景名胜区，指以现代著名大型工程建设奇观取胜的观光游览风景区。

8.1.3　风景名胜区设立与分级

风景名胜区融合了地质地貌、森林植被、水文气象、文物古迹等多门类资源，设立、划定各级风景名胜区要建立在多学科综合调查评价的基础上，并根据其资源条件进行划分。划分的过程可大致分为设置标准、划定原则、进行分级。

8.1.3.1　设置标准

设立风景名胜区需要具有一定的规范和范围，且要达到一定的条件要求，须具有观赏、文化或科学价值。区内具有自然景物和人文景物，环境优美，有可供人们游览、休憩，或进行科学文化教育活动的条件。

8.1.3.2　划定原则

(1)风景名胜区的范围圈定应该考虑以下几点因素：①自然景观和文化景观的完整性；②地区和地区之间的连续性；③有利于资源保护、方便管理和组织观光；④行政区划的协调和统一。

(2)为保护各级风景名胜区的特色，保持生态平衡，避免环境污染，必须在风景名胜区以外划定一定范围的保护区。

(3)风景名胜区的设立,不改变区内公私产权的归属和企业、事业组织的权属关系。搬迁、退耕还林、停产等影响到原居民生产生活和企业、事业单位经营活动的,政府应当及时进行妥善处理。

风景名胜区的管理范围和外围保护地带在编制总规划过程中划定,总体规划一经政府审定批准,即确认生效,并立碑标明风景名胜区及其保护地带的界址,建立档案,同时向社会公布,告知公众,共同维护。任何单位和个人,未经风景名胜区管理机构批准不得破坏、擅自移动风景名胜区界标。

8.1.3.3 风景名胜区的分级

风景名胜区划分为国家级风景名胜区和省级风景名胜区。

1. 国家级风景名胜区

国家级风景名胜区的自然景观和人文景观能够反映重要自然变化过程和重大历史文化发展过程。自然景观和人文景观基本处于自然状态或保持历史原貌,具有国家代表性的,可以申请设立国家级风景名胜区。国家级风景名胜区由国务院批准公布。截至 2017 年 3 月 29 日,国家级风景名胜区数量为 244 处。其中,第一批至第六批称为国家重点风景名胜区,2007 年起,改称为中国国家级风景名胜区。

根据中华人民共和国原建设部(后更名为住房和城乡建设部)公布的《国家级风景名胜区徽志使用管理办法》,国家级风景名胜区徽志为圆形图案,中间部分是万里长城和自然山水缩影,象征伟大祖国悠久、灿烂的名胜古迹和如画的自然风光;两侧由银杏树叶和茶树叶组成的环形镶嵌,象征风景名胜区和谐、优美的自然生态环境。图案上半部为英语“NATIONAL PARK OF CHINA”,直译为“中国国家公园”,即国务院公布的“国家级风景名胜区”;下半部为汉语“中国国家级风景名胜区”。

2. 省级风景名胜区

省级风景名胜区指具有较重要观赏、文化或科学价值,景物有地方代表性,区际影响力强,环境优美,有一定规模和设施条件的地域。由省(自治区、直辖市)人民政府批准公布。

8.2 我国风景名胜区产生与发展

我国风景名胜区源于古代的名山大川和邑郊游憩地以及社会“八景”(天景、地景、水景、生景、园景、建筑、胜迹、风物)荟萃的自然之美和人文之胜,积淀了 5000 年的华夏文明,成为壮丽山河的精华,具有鲜明的中国特色,为国家乃至世界留下弥足珍贵的自然与文化遗产。在我国,风景名胜区作为国家法定的区域概念虽出现得较晚,但作为风景名胜区构成主要单元的风景区、园林等在我国远古时代就已经出现了。

自 20 世纪 70 年代末,中国风景名胜区事业逐步发展,至今已有 40 多年的历史。在社会发展过程中,风景名胜区的发展演变也呈现出阶段性发展的特征,经历了源起阶段、建设阶段、建设管理阶段和理性发展阶段 4 个阶段。

8.2.1 源起阶段(1978—1981 年)

自改革开发以来,我国的风景名胜区事业与改革开放同步跨入发展时期。1978 年国务院召开的第三次城市工作会议提出要加强名胜、古迹和风景区的管理。明确了文物、园林及风景区的保护原则,即保护名胜古迹和风景区的原貌。为落实会议精神,1979 年国家城市建设总局提出建设全国风景名胜区体系的建议。该建议得到了国务院的批准,明确了建立全国风景名胜区体系并纳入国务院城建主管部门管理序列。1980 年,国务院有关部门多次讨论风景名胜区的相关工作,统一思想、协调步骤,研究有关方针政策。与此同时,全国各地的专家、学者对风景名胜区的保护管理与规划建设问题也进行了研究与探讨。根据国务院的文件精神,各省(自治区、直辖市)的城建、环保、文物和旅游部门对各自的重点风景名胜资源进行了调查和评价。国务院于 1981 年 3 月批准了《关于加强风景名胜保护管理工作的报告》。该报告系统阐明风景名胜区工作的方针政策,是新中国成立以来有关风景名胜区工作的重要指导性文件。为贯彻这一报告,国家城市建设总局于 1981 年 6 月发布了《风景名胜资源调查提纲》和《申请列为国家重点风景名胜区的有关事项》等规范性文件。各省(自治区、直辖市)的城建、环保、文物和旅游部门积极响应,组织力量,开展风景名胜资源调查工作。至 1982 年初,共有 22 个省(自治区、直辖市)人民政府推荐了 55 处风景名胜区,要求国务院批准为“国家重点风景名胜区”。至此,中国风景名胜区的建设与管理正式纳入了国家管理序列。

8.2.2 初建阶段(1982—1992 年)

我国的第一批国家重点风景名胜区都是历史悠久、闻名遐迩的风景名胜之地。但是这些风景名胜区管理的模式各不相同。为统一管理,1985 年 6 月国务院颁布了《风景名胜区管理暂行条例》(以下简称《暂行条例》)。《暂行条例》明确了风景名胜区的基本概念,认为:凡具有欣赏、文化或科学价值,自然景物、人文景物比较集中,环境优美,具有一定规模和范围,可供人们游览、休息或进行科学、文化活动的地区,应当划为风景名胜区。同时制定了国家级、省级、市(县)级的三级管理制度,要求风景名胜区依法规设立人民政府或风景名胜区管理局或管委会。短短 16 项条例,涵盖了风景名胜区的定义、风景名胜资源的属性范围、风景名胜区的管理体系、风景名胜区的规划内容,以及风景名胜资源保护与发展利用的方法及建设路径。

1987 年,住房和城乡建设部公布了《风景名胜区管理暂行条例实施办法》,在暂行条例的基础上,细化各条款内容,更便于基层操作。同年,我国向联合国教科文组织申报的第一批世界遗产(6 处)申报成功(1985 年我国加入了联合国教科文组织《保护世界文化和自然遗产公约》),其中泰山、长城和秦始皇陵兵马俑为国家级风景名胜区范畴,预示着中国风景名胜区制度与世界遗产保护制度的接轨。伴随着经济制度的变化,全国各地包括风景名胜区在内都进入了“增长主义”时期,利用景区土地资源,大搞开发建设。与此同时,旅游市场逐渐兴起,国内外游客数量猛增,1993 年 12 月 20 日,住房与城乡建设部印发了《风景名胜区建设管理规定》。明确了在风景名胜区中严禁和不得建设的项目及严管项目;要求严管项目必须进行专家论证,并报主管单位批准;规范了风景名胜区的建设程序及报批管理手续。由此,风景名胜区又进一步进入了深入发展阶段。

8.2.3 建设管理阶段(1993—2005年)

随着生产效率的不断提高,1995年国家实施了双休日制度,从而改变了人们的周末安排,城市居民周末出游,从附近的公园活动,延伸到城市近郊,甚至到周边城市。周末景区往往人满为患,风景名胜区的建设步伐明显跟不上市场需求。1996年11月18日黄山旅游发展股份有限公司创立。其业务范围涵盖景区开发管理、酒店、索道和旅行社等领域。黄山旅游发展股份有限公司的成功上市,不仅为黄山风景名胜区的发展筹措了建设资金,更重要的是开创了风景名胜区创办公司自主经营的先例。这时风景名胜区开始出现国有企业、民营企业和景区自主经营3种模式,而风景名胜区的资源保护却出现了让位于旅游经营的现象。

资源保护与旅游开发的位序发生了改变,对风景名胜区的长期可持续发展是不利的,国家主管部门对此高度重视,并开始制定规划规范以指导风景名胜区开发建设的有序进行。1999年11月10日,国家质量技术监督局和住房与城乡建设部联合颁布了《风景名胜区规划规范》(GB 50298—1999),至此,中国风景名胜区的发展建设便有了国家标准和行业规范。2003年4月11日,住房与城乡建设部发布了《关于做好国家重点风景名胜区核心景区划定与保护工作的通知》,进一步规范风景资源保护与旅游发展。该通知明确了核心景区的概念。核心景区指风景名胜区范围内自然景物和人文景物最集中、最具有观赏价值、最需要严格保护的区域,包括规划中确定的生态保育区、自然景观保护区和史迹保护区。该通知强调在已批准的风景名胜区总体规划中,必须将生态保育区、自然景观保护区和史迹保护区划入核心景区的范畴,还要求各国家级风景名胜区于2003年底前完成核心景区的划定工作,并编制核心景区专项保护规划。规范规划和科学地划定核心景区使风景名胜区的保护与发展"共生共兴",需要保护的地区得到了应有的保护,可以发展的区域获得可持续发展。

8.2.4 理性发展阶段(2006年至今)

2006年国务院颁布了《风景名胜区条例》(以下简称《条例》),强化了风景区的设立、保护、利用和管理的要求,至此暂行了20多年的《风景名胜区管理暂行条例》废止。与《暂行条例》相比,《条例》具有很多进展,此条例共7章52条,《条例》提出了"科学规划、统一管理、严格保护、永续利用"的16字方针,从主旨上淡化了资源开发,强化了资源保护规划。《条例》详细规定了风景区总体规划的编制内容和编制时限,对修编程序做出明确规定,并严格要求划定核心景区进行空间管制。《条例》还阐明了制定本条例的目的为加强对风景名胜区的管理,有效保护和合理利用风景名胜资源;明确了本条例的适用范围为风景名胜区的设立、规划、保护、利用和管理;强调了国家级风景名胜区内的自然景观与人文景观的国家代表性。《条例》阐述了规划的重要性,设定了风景名胜区总体规划与详细规划及其规划的内容体系,同时对风景名胜区规划的编制、审批机关和权限作了相应规定,即国家级风景名胜区规划由省(自治区、直辖市）人民政府建设主管部门组织编制；《条例》明确了风景名胜区管理实行科学规划、统一管理、严格保护和永续利用的原则，并规定了须对风景名胜区内的景观和自然环境实行严格保护制度，不得破坏或随意改变；《条例》明确规定了严禁在核心景区内建设宾馆、招待所、培训中心、疗养院以及与风景名胜资源保护无关的其他建、构筑物；已经建设的，应当按照风景名胜区规划逐步迁出。《条例》强调政企分离，规定管理者须与经营者须签订合同，依法确定各自的权利义务。经营者应当缴纳风景名胜资源有偿使用费，指出进入风景名胜区的门票，由风景名胜区管理机构负责出售，要求风景名胜区管理机构的工作人员，不得在风景名胜区内的企业兼职。此后风景名胜区总体规划部际联席会议审议成为常态，促进和提升了风景名胜区总体规划的质量。《条例》的出台，为及时解决风景名胜区发展过程中出现的问题，保障风景名胜区事业健康发展发挥了重要的规范性指导作用，标志着我国风景名胜区的制度建设进入全新阶段。

2007 年，住房和城乡建设部印发了《国家级风景名胜区监管信息系统建设管理办法（试行）》。风景名胜区监管信息系统是为建立风景名胜区科学监测体系和长效的监管保护机制而设立的科学管理体系，它通过遥感技术与地理信息技术的分析研究方法对风景名胜资源的保护与利用状态进行动态监测，检查国家级风景名胜区的规划实施、资源保护、土地变异、工程建设和地形地貌等方面的变化情况。高科技的遥感监管信息系统，为风景名胜区的保护管理奠定了科学技术保障。

我国的风景名胜区正走向世界，向世界展现中国风景名胜资源的珍贵价值和绚丽风姿，国家所有、属地管理的分权模式赋予地方管理机构一定的自主权，充分调动了地方在保护和利用风景名胜资源方面的积极性。党的十八大报告提出了“五位一体”建设中国特色社会主义，把生态文明建设提升到总体布局的战略高度。十八届三中全会进一步指出加快生态文明制度建设，建立国家公园体制。在新的历史时期，我国风景名胜区事业发展要把生态文明放在首要位置，贯彻落实《风景名胜区条例》，积极推进立法工作，坚持“科学规划、统一管理、严格保护、永续利用”的基本方针，坚持生态效益、社会效益和经济效益的统一，处理好生态环境与经济、科技、人的全面发展关系，坚持科学的态度和精神，坚持可持续发展原则，让风景名胜区成为生态文明建设的载体。

8.3 风景名胜区的功能结构与分区

8.3.1 风景名胜区的功能

风景名胜区的资源是不可替代的，它具有唯一性，设立风景名胜区是为了保护风景名胜区中的许多珍贵且稀缺的资源。风景名胜资源的功能可概括为 5 项基本功能，即社会功能、经济功能、科教功能、文化功能和生态功能。

8.3.1.1 社会功能

社会功能是指在整个社会系统中各个组成部分所具有的一定的能力、功效和作用。现代的生活节奏越来越快，使得人们在闲暇时间喜欢去游览于山河间，这样不仅能够使身心得到放松，而且还能开阔眼界、陶冶情操。人们的闲暇娱乐可以带动旅游业的发展，更能促使人们进一步了解风景名胜区数千年沉淀下来的大好河山、历史文化、民俗风情。

8.3.1.2 经济功能

风景名胜区拥有丰富的自然资源和人文景观，风景名胜区的旅游开发适应人类社会发展的趋势。旅游开发后人们不但可以享用风景名胜资源，还增加了当地居民的就业机会，带动了当地食、住、行、游、购、娱等产业的经济发展。

8.3.1.3 科教功能

风景名胜区不仅融合了自然景观和人文景观，也是自然万物演变的结晶，是历史留给我们无法复制的瑰宝。它蕴藏着众多地质、生态、气候、水文、动植物等自然科学价值，是研究地球变化、生物岩体等诸多自然科学的天然实验室和博物馆，是开展科研和文化教育的生动课堂。

8.3.1.4 文化功能

风景名胜区是国家、民族、历史的人文精神象征。风景名胜区内的优秀历史文化资源，是经历成百上千年的沉淀留给人类的宝贵遗产，对人类文明的发展、地球生物的进化有着不可替代的研究价值，对推动人类社会进步起着重要作用。

8.3.1.5 生态功能

风景名胜区的自然资源是唯一的也是不可复制的。它的生态功能对生态环境起着稳定调节的作用，自然风景是难得保存下来的宝贵财富。

8.3.2 风景名胜区的分区结构

风景名胜区功能结构分区规模与特点不同，合理利用风景区现有景观资源，并依据旅游资源地域分布、空间关系和内在联系进行综合部署，形成合理、完善而又有自身特点的整体布局。其内部组成部分亦会有不同，但一般可分为游览区、旅游接待区、休疗养区、商业服务中心、文化娱乐中心、居民区、行政管理区、加工工业区、外围保护区等功能区。

1. 游览区

游览区是风景名胜区的主体部分，主要是景点比较集中，场地布置比较精致，游人停留时间较长，有一定服务设施的地段。在一个风景名胜区，往往由多个游览区组成，且各游览区的景观主题各有特色。游览区的景观主题一般可分眺望游览区、文化古迹游览区、水景游览区、山景游览区、植物景游览区等区域。

2. 景观培育与恢复区

景观培育与恢复区是风景名胜区范围内、风景游赏用地以外的山林地区，是风景名胜区的景观背景区域，对风景区的资源起保护作用，主要功能是生态培育、景观恢复、林业养护与管理，不得开展游览活动。

3. 旅游接待区

旅游接待区是指以解决游客食宿为主的场所，在一些规模较大的国家风景名胜区里，旅游接待区的区位是很重要的。

4. 休疗养区

休疗养区是指风景区内远离游览区、旅游接待区，专为供游客休养或疗养用的场所。该区域一般自然风景优美、气候舒适，有医疗、矿泉等条件。

5. 商业服务中心

商业服务中心是指在风景名胜区里商业服务设施较为完善和集中的地区。除分散的服务点外，在风景名胜区里还应有数个商业服务设施较为完善而集中的地区，为旅游者和当地居民服务。但要注意不宜放在显突位置，要有更高的艺术构图，不宜搞成城市街道式，过于封闭。

6. 文化娱乐中心

文化娱乐中心是指供游客在游览之余进行一定的文化和娱乐活动的场所。

7. 居民区

居民区指直接和间接为游客服务的职工及其家属居住的场所。为避免增加风景区里交通的"劳动客流"负荷，居民区宜接近工作单位，但要避开游览区，可与行政管理区结合。居民区里应有小型商业点，大型的居民区里还应设有中小学和幼托设施等。

8. 行政管理区

行政管理区指风景名胜区的行政管理机构集中的地段，与游人不发生直接联系。

8.3.3 风景名胜区的功能划分

名胜风景区按照保护的等级又可分为特级保护区、一级保护区、二级保护区和三级保护区 4 级，并应符合以下规定。

1. 特级保护区的划分与保护规定

风景区内的自然保护核心区以及其他不应进入游人的区域应划分为特级保护区。特级保护区应以自然地形地物为分界线，其外围应有较好的缓冲条件，在区内不得搞任何建筑设施。

2. 一级保护区的划分与保护规定

在一级景点和景物周围应划出一定范围与空间作为一级保护区，以一级景点的视域范围作为主要划分依据。一级保护区内可以安置必需的步行游赏道路和相关设施，严禁建设与风景无关的设施，不得安排游客住宿床位，且机动交通工具不得进入此区。

3. 二级保护区的划分与保护规定

在景区范围内，以及景区范围之外的非一般景点和景物周围应划分为二级保护区，二级保护区内可以安排少量游客住宿设施，但必须限制与风景游赏无关的建设，应限制机动交通工具进入本区。

4. 三级保护区的划分与保护规定

在风景区范围内，对以上各级保护区之外的地区则为三级保护区。在三级保护区内，应有序地控制各项建设与设施，并应与风景环境相协调。

风景名胜区在进行功能分区时，应该对各功能区的资源特点、基础设施条件和发展前景进行综合分析。根据不同区域的资源特征、环境条件和适宜性，突出区域特色。既要体现各自的特色，又要强调区域功能区之间的相互组合以及整体功能的协调配套，这样有利于自然生态资源的整体保护和景观资源的整合利用。

8.4 风景名胜区的保护与开发

风景名胜区的资源是十分珍贵且十分脆弱的，如果遭受损坏，将无法再生。因此始终坚持风景名胜区“工作核心是保护”的理念，对风景名胜区倍加珍惜和保护，坚持把保护放在第一位，开发放在第二位，正确处理局部利益与全局利益、眼前利益与长远利益、旅游资源开发与风景名胜资源保护的关系尤为重要。

8.4.1 保护的目的

我国地域辽阔，历史悠久，大自然和前人留给我们极其丰富的风景名胜资源遍布全国各地。我国的自然山川大都经受历史文化的影响，伴有不少文物、古迹、诗词歌赋、神话传说。我国风景名胜区成为以具有美感的自然景观为基础，渗透着人文景观美的地域综合体，既有大自然美，又有优秀的历史文化。因而，中国风景名胜区是一批极为珍贵的自然文化遗产。有的风景名胜区往往同时具有自然科学、自然美学和历史文化的独特价值。保护并利用好风景名胜资源，对改善自然环境、繁荣社会经济、普及科学知识、陶冶情操、造福子孙后代具有重大意义。风景名胜区拥有着雄伟壮观的景观，它也是作为观察一个国家国土风貌的窗口，可以说在一定程度上反映出了国家和民族的经济文化发展水平，因此，风景名胜区也成为了国家和民族神圣、庄严和美丽的象征。风景名胜资源包括自然景物和人文景物，是自然历史和人类历史留下的珍贵遗产，它的历史文化遗产，是文学艺术创作的重要源泉，是丰富人民文化生活，增长知识，提高文化素养和美的鉴赏力，陶冶情操的课堂。风景名胜区有着丰富的地质地貌、动植物的物种和各种水文现象等。风景名胜区是科普教育的教材，是进行爱国主义教育的大课堂，是专家学者们探索的宝藏，是提高我们民族科学文化的一个阵地。风景名胜区对外开放旅游，可以向游人介绍国家的自然和文化风貌，增进各国人民的相互了解和友谊。风景名胜区是人与自然协调发展的典型地域，和城市与乡村的人类第三生活游憩空间不同，它是供人们游览、休憩，进行各种有益于身心健康活动的场所，拥有着安静优美的自然环境。对于在快节奏城市生活的人们来说，这种休憩活动是必不可少的。

高品位的风景名胜资源给人们精神文化生活和生态环境带来的效益是无法估量的，由此产生的社会效益、经济效益也是相当可观的。如果区内的风景名胜资源遭到破坏，它必然就失去了生存的根本，失去了事业发展的基础。因此，完整地管护好风景名胜区原有的自然和历史风貌，是风景名胜区管理机构的神圣职责。

风景名胜区要在保护中利用，在利用中保护，既不能把风景区封闭成自然博物馆，为了保护而保护，也不能只顾眼前，盲目地开发，破坏生态环境，为开发而开发。把保护与开发统一起来，在保护的前提下，有计划地进行适度开发，使经济效益和社会效益以及环境效益同步发展。

8.4.2 保护与开发

风景名胜区保护的根本目的是使风景名胜区在保护与开发中其资源能够永续利用，同时能让物质基础为风景名胜区的旅游开发提供可靠保障。风景名胜区的旅游开发有以下4点优点：一是人们可以享用风景名胜资源；二是可以筹集资金；三是旅游开发后增加了当地居民的就业机会并且能够带动当地经济发展；四是经济得到提高后，能够提高当地居民保护生态环境、风景名胜资源的意识，使风景名胜区得到更好的保护。

事物的发展是对立统一的，风景名胜区的保护与开发是有矛盾的，旅游提高了经济收入，但也会打乱原来的生态平衡，扰乱生态系统，破坏原来的自然环境，造成生态污染。如果资源遭到破坏，它就失去了原来的价值，所以在开发时，要考虑好如何协调各种功能，合理地控制旅游开发，才能把破坏降低到最小。

国家级风景名胜区是指具有观赏、文化或者科学价值，自然景观、人文景观比较集中，环境优美，可供人们游览或者进行科学、文化活动的区域。它属于自然与文化遗产，是国家的宝贵财富和精神支柱。风景名胜区是国家极其珍贵的不可再生的自然和文化资源，任何单位和个人都不得破坏风景名胜资源，不得侵占、出让或变相转让风景名胜区土地。

风景名胜区要旅游开发，会改变原有土地的利用状况，要想完全保持风景区原始状态，在局部范围是可行的，但在几十甚至上千平方千米范围内是很难做到的。在现实中，风景名胜区是很复杂的，开发后会对居民的生产和生活问题产生影响。所以处理保护与旅游开发利用的关系，要合理有序地规划，不能盲目和随意地开发资源，同时要考虑到各种正面及负面效果的规划开发，再去研究旅游开发利用的范围、程度和方式以及总体布局。

所谓合理开发，其核心就是要体现出在开发之后，既要能维护良好的生态环境，保证仍能永续地充分利用风景名胜资源，又要能创造出理想的经济效益和社会效益，即实现环境效益、社会效益和经济效益同步增长，而不是只顾经济效益或社会效益去牺牲环境效益。所以，合理开发必须要有保护措施，而良好的保护又为开发提供了必要条件。要着眼于国家的整体利益，统筹兼顾，大力加强风景名胜资源的保护管理，抑制急功近利，破坏国家风景名胜资源的滥开发行为，坚持“绿水青山又要金山银山”的发展观。

8.4.3 风景名胜区存在的问题

(1)立法有缺陷：风景名胜区的环境保护的涉及面广，范围很大，作为不可再生资源，对它的保护应该是全方位、多方面的，在立法实施过程中目前还存在立法层级不高、责任力度不够等问题。

(2)规划建设不规范：为了风景名胜区的资源能够得到保护从而能够永续利用，在规划建设时应遵循科学、合理的原则。

(3)管理体制不完善：风景名胜区在管理的问题上没有统一的规定和要求，使得管理体制问题变得复杂。例如，因国家公园、世界遗产、风景名胜区交叉重叠，风景名胜区承担的多样化职能，使风景名胜区企业的经营、规划、管理无法统一。

(4)公众参与制度不到位：风景名胜区资源的开发与当地居民有着紧密的关系，比如许多纳入风景名胜区范围内的自然资源权属归农村集体，在开发的过程中公众的参与和监督不容忽视。然而，在我国的风景名胜区保护工作中，公众参与更多的只是停留在宣传教育层面上，各级政府及环保部门的行政权力很少受到社会力量的限制。

8.4.4 保护与措施

建立风景名胜区是国家为了保护风景名胜资源而采取的一项战略措施。当前，在市场经济大潮的冲击下，风景名胜区面临着严峻的形势。面对多种破坏风景名胜资源的现象，保护风景名胜区的措施必然是多方面的，归结起来主要有以下几个方面。

(1)法制保护措施。加强我国风景名胜区法制建设，风景名胜区的保护工作要依法进行，禁止各种破坏资源的活动，切实保护好国家这部分珍贵资源。出台和完善相关法律，通过法律明确风景名胜区开发的原则和程序。

(2)加强管理体制。我国风景名胜区管理体制的建设和完善进程相对曲折，为了与国际接轨，必须建立国家风景名胜区直接管理体制。国家设立风景名胜区管理总局，下辖若干分局，实行财政和人事权的直接管理。理顺管理体制，取消多头领导的混乱局面，实施统一规划、统一设计、统一管理，以使风景名胜资源得到切实保护。

(3)坚持可持续发展原则。坚持可持续发展、合理利用开发原则，坚持绿色发展原则，树立大局观，坚持保护优先，坚持保护环境就是保护生产力的根本要求。风景名胜区是一种稀缺性且是不可再生的资源，要想永续利用，必须要坚持可持续发展原则。在开发利用方面既要保护自然资源、历史文化资源、动植物资源等珍贵资源，要能够保证不影响子孙后代欣赏资源，还要保证原有资源的真实性和完整性。因此，在其规划过程中要把握好风景名胜区资源的利用和保护，为子孙后代留下可持续发展的“绿色银行”。建立科学系统的规划是风景名胜区永续利用、合理开发的蓝图，是搞好风景名胜区环境保护和各项管理的法律途径与方法。

风景名胜区既可通过现有资源，获得直接的经济效益，又可通过合理的开发利用，产生更大的经济效益和社会效益，推动当地经济的发展，促进信息的交流、文化知识的传播，为当地民众提供更多的就业机会和更广的就业渠道。风景名胜区是发展旅游业的物质基础，是一个国家和地区旅游业的中流砥柱，通过适度开发，可以有效拉动地方经济的发展。因此，加强风景名胜区的保护有利于更好地整合经济效益和社会效益。

中国风景名胜区作为国家公园与自然保护地体系中的一员，不仅发展历史久远，而且登录世界遗产名录的数量也最多。截至 2018 年，在我国已登录的 53 项世界遗产中，4 项文化与自然双重遗产全部落地在风景名胜区内；13 项自然遗产中的 11 项坐落在风景名胜区中；31 项文化遗产中的 11 项落在风景名胜区中；5 项文化景观遗产中有 4 项坐落在风景名胜区内。在人类的发展进程中，这些位于风景名胜区内的世界遗产，不仅保留了原始的生态环境，而且通过几千年的人类传递——人与自然的互动及区域发展，促进并带动了当地社会经济的发展，这体现了人类巧借自然造福于人类的可持续发展智慧。这种“中国智慧”的传统哲学发展观，将给世界国家公园与自然保护地制度树立了“智慧型”的可持续发展观。

习题与思考题

1. 简述风景名胜区的定义。
2. 我国风景名胜区的发展经历了哪几个阶段？
3. 风景名胜区的分区结构主要分为哪几个区域？
4. 风景名胜区主要有哪些功能？
5. 风景名胜区分类按照什么规则？可分为哪几类？
6. 在风景名胜区保护与开发方面，你有什么好的建议？

9 矿山公园

9.1 矿山公园的定义

我国是一个矿产资源丰富、类型众多、分布广泛的国家，在矿业开发上有悠久的历史。与一般的青山绿水景观不同，矿山公园最大的特色是集中展现了矿山采矿悠久的历史和深厚的文化底蕴，是工业旅游的景观代表。事实上，矿山公园承载的功能包括对损毁生态环境的改善，即基于山水林田湖草沙冰生命共同体理念，恢复受损的生态系统，改善矿区千疮百孔的风貌。另外，矿山公园还具备了传承文化、普及矿业知识的文化功能，是一个多功能的综合体。

9.1.1 矿山公园概述

9.1.1.1 相关概念

1. 矿山

矿山是矿产资源产地及矿业活动的基地，它是指有一定开采境界的采掘矿石的独立生产经营单位。矿山主要包括一个或多个采矿车间（或称坑口、矿井、露天采场等）和一些辅助车间，大部分矿山还包括选矿场（洗煤厂）。

2. 矿山遗迹

矿山遗迹也叫矿业遗迹，简单地说就是矿业开发过程中遗留下来的踪迹和与采矿活动相关的实物，具体主要指矿产地质遗迹和矿业生产过程中探、采，以及位于矿山附近的选、冶、加工等活动的遗迹、遗物和史籍。它是人类矿业活动的历史见证，是具有重要价值的历史文化遗产，是当今世界在自然与文化保护方面的一项非常重要的内容。

3. 矿山公园

矿山公园指的是矿山地质环境治理恢复后，国家鼓励开发的以展示矿产地质遗迹和矿业生产过程中探、采、选、冶、加工等活动的遗迹、遗址和史迹等矿业遗迹景观为主体，体现矿业发展历史内涵，具备研究价值和教育功能，可供人们游览观赏、科学考察的特定的空间地域。

矿山公园分为国家级矿山公园和省级矿山公园，其中国家矿山公园由自然资源部审定并公布。矿山公园是工业旅游的景观代表，主要景点有壮观的露天采场、矿业博览、井下探幽、天坑飞索、石海绿洲、九龙洞天等。全国共有61处国家矿山公园(包括取得国家矿山公园建设资格的单位和正式授予国家矿山公园称号的公园在内)。

9.1.1.2 矿山公园具备条件

国家矿山公园应具备以下条件。①国内独具特色的矿床成因类型且具有典型、稀有及科学价值的矿业遗迹；②经过矿山地质环境治理恢复的废弃矿山或者部分矿段；③自然环境优美、矿业文化历史悠久；④区位优越，科普基础设施完善，具备旅游潜在能力；⑤土地权属清楚，矿山公园总体规划科学合理。

9.1.1.3 矿山公园的获批

截至2019年4月，我国已有88个公园获国家矿山公园资格。

1.首批获国家矿山公园

2004年，国土资源部发布了《关于申报国家矿山公园的通知》，第一次明确提出矿山公园概念，启动了国家矿山公园的申报与建设工作，并于2005年8月评审批准了唐山开滦、河南南阳、内蒙古额尔古纳、湖北黄石铁矿、黑龙江鸡西恒山、吉林白山板石、黑龙江嘉荫乌拉嘎、浙江遂昌矿、河南南阳，内蒙古赤峰等28个申报单位的国家矿山公园建设资格，标志我国开始正式设立国家矿山公园。其中，黄石国家矿山公园(图9.1)于2007年4月22日开园，成为中国首座国家矿山公园，国家AAAA级景区。2018年1月，入选第一批中国工业遗产保护名录，拥有亚洲最大的硬岩复垦基地。扎赉诺尔国家矿山公园分为露天观景广场和矿山博物馆两个景区。集科考研究、科普教育、观光览胜、文化娱乐、休闲度假于一体的综合性园区。露天坑内，蒸汽机车、褶皱带、煤田地质构造等，充分展现了扎赉诺尔的矿山文化。

图9.1 黄石国家矿山公园(http://www.huangshi.gov.cn/jchs/lyjd/202210/t20221025_954764.html)

2. 第二批矿山公园

2010 年,国土资源部在第一批国家矿山公园规划与建设的基础上,总结经验与不足,提出要建设具有特色的国家矿山公园,并审批了第二批国家矿山公园资格。2010 年,经国家矿山公园评审委员会评审通过,国家矿山公园领导小组研究批准,第二批授予黑龙江大庆油田等 33 个国家矿山公园资格。其中,大庆油田国家矿山公园(图 9.2)地处松辽盆地北部腹地,园区内大庆油田历史陈列馆、铁人第一口井——萨 55 井、铁人王进喜纪念馆、大庆石油科技馆等矿业遗迹保存相当完整,从科技、史籍、生产用具、机械、文化类等方面集中体现了中国跨时代特征,体现了大庆精神、铁人精神。

图 9.2　大庆油田国家矿山公园

(http://www.chinamining.org.cn/index.php? m=content&c=index&a=show&catid=112&id=4650)

3. 第三批与第四批矿山公园

截至 2017 年年底,国土资源部公布了四批次共 88 家国家矿山公园(资格),主要以煤炭类、非金属类和金矿类为主,类型分布较为集中。从已开园的国家矿山公园情况来看,前三批 72 家国家矿山公园正式命名的只有 33 家,不及总批建资格的一半,还有 1 家被取消建设资格。可见矿山公园建设困难重重,存在很多问题。

9.1.2　矿山公园申报的重要意义

当前中国众多矿山和矿业城市面临严重的环境破坏和资源枯竭等问题,矿山公园是促进矿业遗迹保护的重要手段,是展示人类矿业文明的重要窗口,对改善矿区生态地质环境、推进矿区经济可持续发展具有重大的积极意义。

中国的矿业发展史是中华文明发展的重要组成部分,应竭尽全力保护矿业开发遗留下来的最重要、最典型、独具特色的矿业遗迹,千方百计弘扬矿业文化。应主动承担国家矿山公园建设的社会责任,把矿山公园建设成为生态环境优美、福荫子孙后代的美丽家园。政府以及社会各界应高度重视并保护和改善矿区生态环境,积极关心和支持国家矿山公园建设。

9.1.3 矿山公园的功能

矿山公园与其他的景观不同,它主要展现的是矿山的采矿历史及其文化底蕴,是工业旅游遗迹的代表。矿山公园不仅能传承文化,还能普及矿业相关知识。它的主要功能有矿业遗迹保护、矿业知识文化科普教育、促进经济发展。

1. 矿业遗迹保护

矿业遗迹是矿业开发过程中遗留下来的踪迹和与采矿活动相关的实物,是人类矿业活动的历史见证,是具有重要价值的历史文化遗产,是当今世界在自然和文化保护方面的一项非常重要的内容。矿业遗迹是矿业活动的实物记录,是展现人类文明进程的重要文化遗产。建立矿山公园是保护开发矿业遗迹的有效途径。通过对矿业遗迹的保护,使不可再生的重要矿业遗迹资源得到永续利用。

2. 矿业知识文化科普教育

科普,即科学技术普及、科学普及。科普教育指的是开展科学技术普及教育。为了实施科教兴国战略和可持续发展战略,加强科学技术普及工作,提高公民的科学文化素质,推动经济发展和社会进步,国家和社会普及科学技术知识、倡导科学方法、传播科学思想、弘扬科学精神的活动、提高全民科学素质。矿山公园依托矿业遗迹和公园景观,开展矿业相关的科普活动,不但能够有效使游客获得新知识,弘扬矿业文化,还能丰富矿山公园的文化内涵,提升了矿山公园的品位。通过设立博物馆、建立教育基地、面向公众举办各种形式的科普教育活动,矿山公园推进了科普教育的社会化、群众化、经常化,提高了为实施“科教兴国”战略和提高公众科学文化的素质服务。同时可以将矿山生产建设中发生的矿山事故、造成的地质灾害和对生态环境的破坏作为案例,对游客和后代进行生态环境教育(甄莎等,2018)。

3. 促进经济发展

矿山公园依托矿业遗迹和矿业环境,是一种特殊的旅游形式,是吸引游客的发展之石。而旅游业的食、住、行、游、购、娱不仅能带动当地经济发展,还能增加当地居民的就业率。旅游业是一种跨行业、跨地域的现代系统经济,综合性、整体性都极强,涉及社会许多相关产业,包括交通、建筑、通讯、贸易、餐饮服务、文化娱乐等相关产业。

9.2 我国矿山公园的发展历程

矿业开发从古至今都伴随着人类文明的发展,矿业发展史是人类文明十分重要的组成部分,在漫长的采矿历史中,留下了许多弥足珍贵的矿业遗迹。历经岁月的洗礼和时间的沉淀,矿业遗迹有着深厚的历史文化,是人类宝贵的财富,它也是不可再生资源,是人们要共同保护的自然文化遗产。矿山公园是以展示矿业遗迹景观为主体,体现矿业发展历史内涵,具备研究价值和教育功能,可供人们游览观赏、科学考察的特定空间地域。2004 年 11 月,国土资源部发布《关于申报国家矿山公园的通知》,这标志着矿业遗迹的保护和矿山环境的治理迈出了新的一步。2012 年 8 月,全国"矿山复绿"行动正式启动,强调对实施区域内突出的矿山地质环境问题进行整治,矿山生态环境得到改善,为矿山公园的建设转型指明了方向,紧接着在 2014 年 10 月,国土资源部宣布暂停当年国家矿山公园申报,对矿山公园的建设进行调整。2017 年 10 月,国土资源部开始第四批国家矿山公园申报审批工作,把已完成矿山环境恢复治理且具有基本旅游条件作为申报准则之一,开启矿山环境治理与新时期矿山公园建设效益相结合的新篇章。根据这 4 次重要事件,我国国家矿山公园的发展历程主要分为 4 个阶段:萌芽准备阶段(2003 年以前)、初始发展阶段(2004—2013 年)、调整转型阶段(2014—2016 年)和新型发展阶段(2017 年至今)。

9.2.1 萌芽准备阶段(2003 年以前)

中国矿山公园的萌芽准备阶段依次经历了废弃矿山治理与景观恢复时期、工业遗址旅游时期和地质公园时期。国内记载最早的矿山治理与景观恢复发生在清朝末年,陶浚宣对位于绍兴东湖的废弃矿山进行了治理与开发,根据矿山遗迹的形状与布局,结合当地自然环境,设计建设了亭台、拱桥、花园等多处园林景观。当代废弃矿山景观恢复起步较晚,20 世纪 50 年代至 60 年代,我国处于经济发展初期,有关生态恢复环境保护的研究处于起步阶段。20 世纪 70 年代,国内开始摸索采矿废弃地的再利用问题,基于植被恢复的生态学理念,一些矿区开始尝试利用生态景观建设与环境保护技术改造矿山废弃地,主要运用回填复垦和植被重建的方法改造矿山废弃地的生态环境条件,但没有重视矿业遗迹的保护和利用。20 世纪 80 年代以后,国内开始注重矿业遗迹的保护和开发。1987 年,在《关于印发建立地质保护区规定(试行)的通知》(地发〔1987〕311 号)中,首次提出建立采矿遗址保护区。同时,随着旅游业的逐步兴起和快速发展,矿山废弃地的治理融入了旅游观光等内容,继而出现了矿山公园的雏形和具体实践,开启了工业遗址旅游的阶段。2000 年,国土资源部发布的《关于申报国家地质公园的通知》(国土资发〔2000〕77 号)中指出,将"具有特殊学科研究和观赏价值的岩石、矿物、宝玉石及其典型产地"作为地质遗迹景观主要内容之一,自此,矿业遗迹景观都包含在地质公园景观之中。在萌芽阶段虽然没有提出具体的矿山公园概念,但废弃矿山治理与景观恢复、工业遗址旅游和地质公园建设等为矿山公园的诞生提供了丰富的理论知识与实践基础。

9.2.2 初始发展阶段(2004—2013 年)

为有效保护和科学利用矿业遗迹资源,弘扬悠久的矿业历史和灿烂文化,加强矿山环境保护和恢复治理,促进资源枯竭型矿山经济转型等,2004 年,国土资源部发布了《关于申报国家矿山公园的通知》(国土资发〔2004〕256 号),第一次明确提出矿山公园概念,正式命名国家矿山公园,启动了国家矿山公园的申报与建设工作,并于2005 年8 月评审批准了唐山开滦、河南南阳、内蒙古额尔古纳等 28 个申报单位的国家矿山公园建设资格,标志我国开始正式设立国家矿山公园。

2006 年 1 月发布的《关于加强国家矿山公园的通知》(国土资发〔2006〕5 号)中进一步强调要做好国家矿山公园建设,并提出要将矿山公园建设与矿山环境恢复治理工作紧密结合,各地在开展矿山环境恢复治理工作的同时,在有必要、有条件的地区,要开展重要矿山的自然、文化遗迹的保护和相关服务性设施的建设,使矿山环境恢复治理和矿山公园建设有机结合起来,发挥其更大的综合效益。

2007 年,具有标准规范和实践指导意义的《中国国家矿山公园建设工作指南》颁布。此阶段中国矿山公园开发主题以展示生态环境恢复治理效果和矿业遗迹景观如相关采矿工具、矿业制品等为主,辅以人文自然景观,以旅游观赏功能为主的同时,融入矿业科普教育功能,基本实现了矿山公园的功能标准,但开发形式单一,各个公园特色不突出(蔡敏华,2006)。如黄石国家矿山公园设计中,通过种植乡土植物和耐贫瘠、耐干旱且有特色的植物打造农家蔬菜园和百草园等手段来恢复矿山公园生态环境将质量较好的厂房改为餐厅、咖啡厅、宾馆、娱乐室、健身房等,对煤气罐、避雷针和废弃油罐进行装饰。对其采矿形成的 444m 的“世界第一高陡边坡”“亚洲第一大天坑”进行保护,在其周围设置了多个观景点或博览园,保护园区内现存的铁轨、矿运汽车、斜钻等工业遗留设备(李军和胡晶,2007)。

随着矿山公园开发与建设工作在全国范围内的普及,单纯以旅游观光为主的矿山公园开发模式逐渐失去吸引力。2010 年,国土资源部在第一批国家矿山公园规划与建设的基础上,总结经验与不足,提出要建设具有特色的国家矿山公园,并审批了第二批国家矿山公园资格。矿山公园开发主题开始向特色化和综合化发展。在保护矿业遗迹与生态恢复的基础上,充分挖掘矿业遗迹资源的独特性,结合矿山公园当地的风土人情、民俗传说的文化内涵,通过旅游规划设计、矿业科普、品牌树立等手段,将矿山公园包装成一个集观光、娱乐、科普、休闲、度假等多功能为一体的综合型公园,使矿山公园实现矿业遗迹、自然景观和人文景观的和谐统一,塑造自身特色品牌(程岚等,2014)。

直至 2012 年 8 月 7 日,全国“矿山复绿”行动正式启动,强调对行动实施区域内突出的矿山地质环境问题进行整治,并在同年 12 月召开了第三批国家矿山公园资格评审大会,11 家矿山公园单位获批。

9.2.3 调整转型阶段(2014—2016 年)

依据相关文件精神,2014 年 10 月 23 日,国土资源部宣布暂停当年国家矿山公园申报,从此我国国家矿山公园进入为期 3 年的调整转型阶段。经过充分探讨和整改后,2016 年 7 月 22 日,国土资源部联合工业和信息化部、财政部、环境保护部、国家能源局共同发布《关于加强矿山地质环境恢复和综合治理的指导意见》,明确将着力完善开发补偿保护经济机制,构建政府、企业、社会共同参与的保护与治理新机制,尽快形成在建、生产矿山和历史遗留“新老问题”统筹解决的恢复和综合治理新局面。同时,还明确了历史遗留工矿废弃地复垦利用和吸引社会资金开展矿山地质环境治理恢复的矿产资源开发利用新政策。根据不同矿种和开发方式,建立差别化、针对性强的矿业用地政策;完善矿产资源开发政策,合理调整矿产开发布局;鼓励第三方治理,地方政府、矿山企业可采取“责任者付费,专业化治理”的方式,将产生的矿山地质环境问题交由专业机构治理;强化科技支撑,创新尾矿和残留矿的再开发政策。强调在今后的矿山地质环境保护工作中应在严格把控矿产开发准入的同时,切实减少审批环节,指导矿山企业利用恢复治理保证金实施地质环境治理恢复工程,加强矿山地质环境保护事中、事后监管。

9.2.4 新型发展阶段(2017 年至今)

为了加强国家矿山公园规范化管理,提高国家矿山公园的建设水平,充分发挥专家在国家矿山公园申报、规划、建设和监督检查中的指导作用,2017 年 6 月 20 日,国土资源部发布了关于国家地质公园和国家矿山公园拟建专家库专家名单,并在同年 11 月 21 日召开了第四批国家矿山公园资格的专家评审会,会上拟授予湖南沅陵沃溪等 16 个国家矿山公园单位的资格并进行了公示,从此我国矿山公园进入新型发展阶段。如湖南沃溪矿山公园以沃溪矿区在一个半世纪的矿业活动中遗留下来的诸多矿业遗迹为建园主体,开发矿业遗迹展示、超深井探秘、矿史馆博览、矿业文化体验、休闲度假等功能区,是一家有着悠久矿业活动史、丰富矿业遗迹,同时又有着旖旎风光的综合型矿山公园。重庆渝北铜锣山矿山公园(图 9.3)作为典型的大规模露天石灰岩废弃矿群,由大大小小 41 个矿坑组成,在规划建设中同时构建了“旅游+自然、+博览、+体育、+研学、+文化创意、+科技娱乐、+养老”发展业态,实现农旅联动式的乡村振兴。设计交通、生态保育、矿山修复、投资运营四大支撑系统来保障可实施性。项目建成后,不仅将复原矿山生态环境,提升整体环境质量,而且对带动周边相关产业调整、加快推进渝北区全域旅游发展有着极大的促进作用。

在此期间,为进一步规范国家矿山公园建设和矿山环境保护,自然资源部于 2019 年 7 月 16 日对《矿山地质环境保护规定》进行修正,进一步明确矿山地质环境保护主体,坚持预防为主、防治结合,谁开发谁保护、谁破坏谁治理、谁投资谁受益的原则,鼓励企业、社会团体或者个人投资,对已关闭或废弃矿山的地质环境进行治理恢复。

9.3 矿山公园的保护与开发

矿山公园是以展示矿业遗迹景观为主体,体现矿业发展历史内涵,具备研究价值和教育功能,可供人们游览观赏、科学考察的特定空间地域。建设矿山公园是为了保护不可再生的

图 9.3 渝北铜锣山矿山公园(http://www.ybq.gov.cn/zjyb/ybly/202110/t20211008_9784137.html)

重要矿业遗迹资源,并使其得到永续利用。矿山公园充分展示了我国社会文明史的客观轨迹和灿烂文化,为人们提供游览观赏景观的场所,对矿业城镇的经济转型和社会发展具有非常重要的意义。矿山公园经历了 20 多年的发展,虽然取得了骄人的成绩,但同时存在着一些潜在的问题。

9.3.1 矿山公园主要存在的问题

1. 环境破坏严重

近年来,在矿山建设和生产过程中加强了环境保护的工作,同时还通过对停采矿区进行土地复垦与再利用等相关措施,使我国矿山生态环境恢复工作有了长足发展。但是,对重要矿山的自然、历史文化遗迹还缺乏行之有效的保护措施。保护和抢救现存的重要矿业遗迹已经成为国土资源管理部门的一项重要任务。长期以来普遍存在的重资源开发、轻环境保护,重经济效益、轻生态效益的倾向,以及不规范的矿山建设和生产过程,导致环境污染和生态退化,甚至诱发地质灾害,对人民的生产和生活造成极大危害。许多珍贵矿山遗址和遗迹遭受自然和人为的破坏,有些甚至荡然无存。

大规模的矿山开采曾经为社会进步、经济发展做出了巨大的贡献,但同时也带来了严重的环境破坏和资源枯竭等问题。大面积的资源开发打破了生态的平衡,在地表造成了许多无法愈合的伤口,尤其是因资源衰竭而遭废弃的矿山遗迹更是严重制约了所在区域的社会经济的发展水平,造成许多社会问题,例如人口流失、产业衰弱等(李楠,2018)。

2. 规划建设不规范

矿山公园在规划设计中一些地方政府把利益放在首位,忽略了矿山公园保护矿业遗迹和自然资源的原则。在设计建设中没有遵循科学合理开发设计,破坏了矿产遗迹。

3. 没有把握好旅游开发与矿产遗迹的关系

旅游开发是实现矿山公园可持续发展的有效途径，而使游客满意又是矿山公园旅游发展的重要目标(雷彬等,2015)。矿业遗迹的地质景观是旅游和地质科普教育的基础，一些地方盲目进行旅游开发，没有遵循“以发展旅游开发促进遗迹保护，以遗迹保护支持旅游开发”的理念，没有对矿业遗迹进行积极保护和科学利用。

4. 矿业遗迹文化没有得到重视

矿山公园不仅是可供人们游览观赏、科学考察的特定空间地域，具备研究价值，它还有教育科普功能，但有些地方没有重视科普教育活动，没有将矿山公园依托的矿业遗迹和公园景观开展矿业相关的科普活动，未能弘扬矿业文化。

5. 没有突出地域特色

矿业公园和矿业公园之间是有区别的，主要分为煤矿、铜矿和金矿等不同种类的矿山公园，其特征和内涵都不一样。因此，千篇一律、特色模糊也是我国矿山公园普遍存在的突出问题。

9.3.2 合理利用开发

矿业遗迹承载着丰富的历史价值、艺术价值和科学价值，是矿山公园的核心景观，体现了公园的特色。为实现矿业遗迹以及自然资源的可持续发展，矿山公园应挖掘其自身悠久历史文化底蕴，充分的利用矿山公园自身独特的自然地质条件，整合自然资源与文化资源，建设以矿业遗迹为核心的高品质国家矿山公园。

9.3.2.1 合理规划设计

(1)矿山公园在建设中应充分地挖掘其矿业遗迹资源，体现特色的地域文化。规划时应结合矿山公园的区位特征和地域特色，能够在广泛且深入地分析矿业发展史的基础上，对具有丰富历史文化内涵的矿业遗迹资源加以重视。以生态学、游憩学和园林规划学等相关学科理论为依据，结合矿山公园的建设目标和实际情况，可以确定矿山公园规划应遵循的理念为“科学保护、体现特色、整体开发、立足实际”。其中，“科学保护”包括生态恢复和遗迹保护，通过各种生态恢复设计手法，再现怡人的自然生态景观，同时对重要的矿业遗迹实施有效监护，为矿山公园的发展奠定基础；“体现特色”指以矿业遗迹和生态环境为依托，挖掘地域资源、矿山自然人文资源及矿业遗迹资源的内涵，通过旅游产品的开发和运营体现矿山特色，形成矿山公园独特的风格和品牌效应；“整体开发”强调规划应注重全局，建立区域合作和可持续发展的观念，整合矿山、属地和区域各方资源条件，建立区域旅游共同发展的合作机制，形成区域旅游规模效应；“立足实际”指规划要解放思想，尊重现实，充分考虑到资金、人力及经济条件等因素的限制，切勿天马行空，脱离实际，使规划成为一张废纸。

(2)合理地利用矿业遗迹资源并将其价值体现出来。矿业遗迹是矿山公园的特色，在设计规划中，应该因地制宜地将历史、艺术、科学等方面的多重价值体现在其中并加以合理利用。

(3)矿山公园是矿业遗迹的保护区，在规划与设计中不能对矿业遗迹有所破坏，应该注重保护，将其放首位。通过合理的设计规划使矿业遗迹的文化内涵得以延伸，并对其进行动态保护。在设计规划中应把握好旅游开发与矿业遗产保护之间关系，并对矿业遗迹进行保护和科学地利用。

9.3.2.2 突出自身矿业遗迹的主题

矿山公园与其他公园不同，矿业公园与其他公园的核心区别主要在于矿业遗迹的文化内涵，矿山公园与矿山公园之间也是有差异的，主要体现在园区自身的矿业遗迹具有不同特色。在保护矿业遗迹的基础上，应充分挖掘矿业遗迹的文化内涵，结合当地民俗人文，通过产品物化或动态过程外化，开发人们可感知、可触摸和可体验的旅游产品，充分体现出公园与众不同的文化特色，为塑造公园品牌奠定基础。

9.3.2.3 在旅游开发中遵循游客导向原则

矿山公园的旅游开发是实现可持续发展的有效途径，游客的满意度是矿业公园旅游开发的重要目标。应实时深入了解游客需求，为公园开发矿业遗迹旅游提供科学依据，并能够针对游客多元化需求进行市场细分，建立、健全旅游产品的体系，结合不同的景区和特点，制定合理的旅游路线和项目，立足游客开发矿山旅游。

9.3.2.4 开展形式多样的科普活动策略

形式多样且有效的科普活动能够使游客获得新知识，同时丰富矿山公园的文化内涵，提升矿山公园品位，弘扬矿业文化。规划依托公园矿业遗迹和矿山地质环境，构建公园矿业遗迹解说系统，设立矿山博物馆，建设矿山公园科普网站，开展矿山公园科普讲座等各种形式的科普活动。科普活动的组织和实施应寓教于乐，讲究重点突出、通俗易懂，使科普活动产生实际效果，不流于形式。

矿业遗迹是人类社会十分重要的文化遗产，也是具有大开发价值的景观元素。建设矿山公园可有效保护和充分利用矿业遗迹资源，有利于矿山生态环境的恢复治理，促进矿区经济健康发展。矿业遗迹是矿业发展的历史见证，通过矿山公园的规划建设来实现对其的保护和再利用；反过来，矿业公园的规划与设计要以独具特色的矿业遗迹为依托，对其进行有效的保护和科学的利用，促进矿山的可持续发展。

习题与思考题

1.简述矿山公园的定义。

2.我国的矿山公园经历了哪几个阶段？

3.矿山公园的主要功能有哪些？

10 其他自然保护地类型

我国自然保护地类型丰富，除上述内容外，还有其他多种自然保护地类型。本章将对湿地公园、海洋公园、沙漠公园、冰川公园、草原风景区和自然遗产展开介绍。

10.1 湿地公园

10.1.1 湿地公园的概念与作用

湿地是指被浅水和有时为暂时性或间歇性积水覆盖的低地。这些低地常以腐泥沼泽、灌丛沼泽、苔藓泥炭沼泽、湿草甸、塘沼、浅水沼泽、冰河泛滥地等名称被人们提及，浅湖或池塘则以具有挺水植物为显著特征。湿地的第一个特征是具有水，具有空间数量上不同的水，具有时态上不同的水，具有组成成分不同、性质上也有区别的水。湿地的第二个特征是具有生物多样性，其中鸟类、昆虫以及植物的种类繁多。这些生物与水共同组成了湿地生态系统是湿地的重要资源。湿地是地球上水陆相互作用形成的独特生态系统，与森林、海洋并称为全球三大生态系统。湿地具有多种功能，例如保护生物多样性、调节径流、改善水质、调节小气候、提供食物和工业原料、提供旅游资源等。

湿地公园，顾名思义就是以湿地为主题的自然公园，将湿地良好的生态环境与多样化的自然景观作为依托，以科普教育，弘扬湿地文化等为主题，并建有一定规模的旅游休闲设施，可供人们旅游观光、休闲娱乐的自然公园。湿地公园具有湿地保护与利用、科普教育、湿地研究、生态观光、休闲娱乐等多种功能，是国家湿地保护体系以及自然保护地体系的重要组成部分。发展建设湿地公园，既有利于调动社会力量参与湿地保护与可持续利用，又有利于充分发挥湿地多种功能效益，同时满足公众需求和社会经济发展的要求，通过社会的参与和科学的经营管理，达到保护湿地生态系统、维持湿地多种效益持续发挥的目标。对改善区域生态状况，促进经济社会可持续发展，实现人与自然和谐共处都具有十分重要的意义。目前，湿地公园、湿地自然保护区、湿地保护小区、湿地多用途管理区等是湿地保护的主要形式。湿地公园，作为一种解决湿地保护与开发间矛盾的有效途径，以及开展生态旅游最重要的形式和载体，具备调节局部气候、净化水质、改善城市热岛效应等功能。一方面，湿地公园作为一种新型旅游地可有效提高城市在全球变化背景下的适应性能力，减轻自然保护区、风景名胜区、森林公园等旅游地的压力，减少游客对城市周边自然资源的潜在破坏，促进城市可持续发展。另一方面，湿地公园易被人类扰动的生态脆弱区特性和保持湿地原生境的矛盾使得其未来可能成为人类扰动下生态脆弱区生态系统研究的重要基地。开展湿地公园的研究将具有重要的生态理论意义与实践价值。

10.1.2　我国湿地公园的发展历程

我国湿地公园从2005年浙江杭州的西溪国家湿地公园建立以来已经经历了十几年的发展，截至2020年底，国家湿地公园总数达899处。这十几年的发展历程从无到有可以分为3个阶段，分别为摸索阶段、快速成长阶段和规范发展阶段。

10.1.2.1　摸索阶段

2005年浙江杭州西溪国家湿地公园获批全国第一处试点国家湿地公园。2005—2007年，试点国家湿地公园总数量没有明显的增加，此时国家湿地公园处于试点建设的起步与摸索阶段，发展速度较慢，每年批建国家湿地公园试点数量较少。

10.1.2.2　快速发展阶段

2008—2014年，国家湿地公园进入快速发展阶段。随着湿地公园评估标准、建设与管理及验收办法等出台，国家湿地公园建设与发展得到广泛关注、重视与认同，发展快速，其影响力不断扩大，公众认可度也逐步提高。学术界也开始关注湿地公园，认为其是解决湿地保护与开发矛盾的有效途径，是落实国家湿地分级分类保护管理策略的一项具体措施，也是当前形势下维护和扩大湿地保护面积直接而行之有效的途径之一。这个阶段湿地公园的数量迅速增长，但存在湿地公园获批的门槛低、建设进程慢和内容良莠不齐等问题，导致湿地公园建设“量”的发展与“质”的发展不同步，对湿地公园的发展产生了负面影响。

10.1.2.3　规范发展阶段

2015年至今，国家湿地公园建设开始步入规范发展阶段。为实现湿地资源有效保护与开发，以及湿地公园建设质量的提升，该阶段试点国家湿地公园批建在数量上有所控制，且存在下降的趋势。自2015年国家林业局开始对试点国家湿地公园验收不通过者实施限期整改或取消试点资格的措施以来，全国限期整改的湿地公园由2015年的9个增加至2017年的18个，以中、西部省份为主。此外，取消试点国家湿地公园数量也呈增加态势，涉及河北省、福建省、河南省、吉林省、四川省、新疆维吾尔自治区。这表明国家湿地公园验收工作也逐渐严格和规范，国家湿地公园的批建与评估认定工作逐渐步入正轨。国家湿地公园空间体系不断扩大，湿地保护工程与生态文明建设等也对湿地公园提出了更高的要求，地方政府和公众也越来越重视湿地公园的建设与保护。

10.1.3 我国湿地公园的特点

10.1.3.1 分布的广泛性和不平衡性

湿地公园在我国中部、东部、西部地区均有分布，各个省区或多或少都有一定数量的湿地公园。但不同经济发展程度区域的国家湿地公园空间分布格局具有很大的差异，许多湿地公园大多集中在中部与东部地区，而西部地区的湿地公园建设相对滞后于其他两个地区。东部沿海和西部地区国家湿地公园空间分布较为集中，如东部沿海国家湿地公园主要集中分布在山东和长江三角洲。中部地区国家湿地公园分布较为分散，仅在黑龙江省和吉林省集中程度较高。

10.1.3.2 与湿地资源分布的不协调性

在部分省份或自治区中虽然有大面积的湿地资源，但湿地公园的数量与面积却屈指可数，其中青海、内蒙古、西藏与黑龙江这 4 个省份与自治区最具代表性，是我国湿地资源排名前 4 的省份。但与中部省份相比其湿地公园的数量却相当稀少，这在一定程度上说明了国家湿地公园分布与湿地资源分布不十分协调。

10.1.3.3 湿地公园类型分布不均匀

《全国湿地资源调查技术规程(试行)》将中国湿地分为五大类和 34 种湿地型。由于大部分国家湿地公园都包含至少两种以上的湿地型。因此，按面积比例最大的湿地类为国家湿地公园的主导湿地类来划分。从湿地面积来看，国家湿地公园以湖泊湿地类、河流湿地类和人工湿地类为主。相对全国湿地面积比例而言，沼泽湿地类和近海与海岸湿地类国家湿地公园偏少。

10.1.4 我国湿地公园存在的问题

10.1.4.1 空间分布不均匀，与地方经济发展水平不尽协调

中国国家湿地公园的分布在空间上呈现出明显的不均匀性，并与地方经济发展水平不协调，主要表现在：①从流域分布来看，集中分布在长江中下游和黄河中下游区域；②从省市区分布来看，集中分布在湖北省、山东省、黑龙江省和湖南省等，并在鲁西南-苏西北、苏南-浙北、湘北、鄂东形成 4 个高密度区域；③从东部、中部和西部来看，呈现“中部多、西部较多和东部相对较少”的格局，这与中国东部、中部和西部经济发展的现状格局是不协调的；④从经济区域分布来看，国家湿地公园集中分布在中部、山东半岛和长三角地区，而在经济发展水平较高的珠三角、环渤海湾地区分布较少。

10.1.4.2 保护与利用的矛盾突出

从国家层面来看，注重国家湿地公园的保护。《国家林业局关于做好湿地公园发展建设

工作的通知》(林护发〔2005〕118 号)指出,国家湿地公园是我国湿地保护体系的重要组成部分,与湿地自然保护区、自然保护小区、湿地野生动植物保护栖息地以及湿地多用途管理区等共同构成了我国的湿地保护管理体系。《国家湿地公园管理办法》提出湿地公园建设是国家生态建设的重要组成部分,属社会公益事业。《国家林业局办公室关于进一步加强国家湿地公园建设管理的通知》(办湿字〔2014〕6 号)明确规定始终把保护湿地生态系统和恢复湿地生态功能放在国家湿地公园建设管理工作的首位。国家湿地公园保育区和恢复区湿地面积应大于拟建国家湿地公园湿地总面积的 60%,合理利用区湿地面积应控制在湿地总面积的 20%以内,切实把保护优先落到实处。

从地方层面来看,更加注重国家湿地公园的开发利用。主要表现在:①以拿到"国家湿地公园"的国家级招牌为主要目的来申报,并以此为开发利用湿地资源提供便利;②在规划设计阶段,作为业主的地方政府更多是要求体现其开发利用的诉求;③建设过程中"利用先行",以开发利用项目为主,不仅未做到"保护优先",有时候甚至为了利用而破坏湿地;④湿地公园建设中"园林化"现象比较严重;⑤后续管理和运行以开发利用和旅游运营为主。

10.1.4.3 法律法规与技术标准不健全

现有的规范标准存在一定程度的不一致,突出表现在湿地率的规定上。《国家湿地公园建设规范》(LY/T 1755—2008)规定湿地率一般应在 60%以上,而《国家湿地公园总体规划导则》规定湿地率原则上不低于 30%。缺乏进一步指导国家湿地公园健康有序发展的规程规范。目前,主要缺乏的规程规范和技术标准有国家湿地公园资源调查和评价,国家湿地公园设计,国家湿地公园监测指标和技术,国家湿地公园范围、功能区和名称调整规范,国家湿地公园建设效果评价和有效管理评价等。

10.1.4.4 配套发展机制不完善

配套发展机制不完善主要表现在多渠道投资机制、公众和社会参与机制、经营管理机制不完善。目前,国家湿地公园投资还是以地方政府为主,多渠道、多形式和灵活有效的投资机制的成功案例较少。公众和社会参与国家湿地公园建设和发展的形式单一、深度不够、成效不大。经营管理过程中,未有效做到管理权和经营权完全分离,经营机制未完全走向市场化。

10.1.4.5 科学研究基础薄弱,科技支撑能力不强,专业人才缺乏

湿地公园不同于一般的风景名胜区、城市公园、休闲园林和自然保护区,其规划设计和建设实施在借鉴现有理论和实践经验的基础上,还应充分体现湿地公园自身的特点,形成自身的一套发展建设理论和技术体系,这就需要依靠科研的大力支持。然而,目前湿地科学理论研究与湿地公园建设的实际需求的衔接还很薄弱,科技支撑能力不强,主要表现在:①未形成国家湿地公园发展建设的系统理论体系。当前很多的国家湿地公园规划和建设照搬风景名胜区、城市公园、水上公园、风景园林等模式。②未摸索出系统和成熟的国家湿地公园建设配

套技术，包括保育技术、生态恢复技术、生物配置技术等。③未形成完善的湿地公园评价体系和方法，包括现状快速评价、环境影响评价、项目建设后评价和有效管理评价等。同时，国家湿地公园具体建设涉及的内容和专业众多，不仅需要包括生态、水文、水利、动植物、地理、景观、设计、建筑、工程、旅游、管理、营销等众多专业的技术人员，而且对人才的层次要求也较高。然而，目前国家湿地公园建设所需的高层次专业人才大量缺乏。

10.1.5 国内外著名湿地公园

10.1.5.1 潘塔纳尔湿地公园

潘塔纳尔湿地是世界上最大的湿地公园（图 10.1），位于南美洲巴西马托格罗索州及南马托格罗索州之间，其湿地部分在玻利维亚及巴拉圭境内，总面积达 242 000km²，地势平坦，拥有众多蜿蜒曲折的河流。每年的雨季潘塔纳尔湿地都会泛滥，超过 80%的面积会被河水淹没，如尼罗河每年的泛滥造就肥沃的土地一样，潘塔纳尔水位的上升不但滋养了当地的生产者，也滋养了当地的物种。

图 10.1 南美洲潘塔纳尔湿地公园（https://whc.unesco.org/en/list/999/gallery/）

10.1.5.2 圣卢西亚湿地公园

圣卢西亚湿地公园位于南非东海岸，面积达 2396km²，于 1999 年被联合国教科文组织列为“世界自然遗产”。河流、海洋和风的侵蚀造成了这里不同的地形，广阔的湿地、沙丘、海滩和珊瑚礁均闻名于世，动物种类更是数不胜数。这里以拥有自然界体积最庞大的动物群而闻名，既有座头鲸这样的大型海洋哺乳动物，也有大型的陆地哺乳动物如非洲象和犀牛。圣卢西亚湿地是南非鳄鱼和河马的故乡，也是南非最大的棱皮龟和野人头龟的繁衍栖息地，还是世界上黑犀牛分布密度最高的地方。

10.4.5.3 大沼泽地国家公园

大沼泽地国家公园位于美国南部的佛罗里达州，面积约为 6097km^2，大沼泽地面积达 1.1 万 km^2，被称为“美国最神秘的地方”。大沼泽地国家公园有多种自然环境，包括被莎草覆盖的沼泽地、被河水淹没的森林及海边的红树林等。大沼泽地国家公园拥有北美洲丰富的动植物资源，仅仅是鸟类就超过 350 种，著名的大型动物有美洲豹、短吻鳄、白尾鹿、海牛等。人们对大沼泽地国家公园的开发曾经对这里造成了严重的破坏，但是随着大沼泽地国家公园的建立和人们环保意识的提高，这里的情况已经逐渐好转。河水经由该地区向南缓慢地流到与西南部墨西哥湾和南部佛罗里达湾相连的红树林沼泽。沼泽地向东延伸到包括迈阿密都会区在内的狭窄沙洲附近，继而向西与大赛普里斯沼泽汇流。

10.1.5.4 西溪国家湿地公园

西溪国家湿地公园（图 10.2）位于浙江省杭州市区西部，距西湖不到 5km，规划总面积 11.5km^2，湿地内河流总长 100 多千米，约 70％的面积为河港、池塘、湖漾、沼泽等水域。西溪国家湿地公园内生态资源丰富、自然景观幽雅、文化积淀深厚，与西湖、西泠并称杭州“三西”。西溪国家湿地公园是中国第一个集城市湿地、农耕湿地、文化湿地于一体的国家级湿地公园。

图 10.2 西溪国家湿地公园

(http://www.xixiwetland.com.cn/access_xixi.html)

10.2 海洋公园

10.2.1 海洋公园的概念与作用

海洋公园以海洋区域内的生物多样性和海洋景观保护为主，兼顾海洋科考、环境教育以及休憩娱乐，可以使生态环境保护和社会经济发展等目标共同得到较好的满足。建立海洋公园得到了人们的普遍认可，成为国际上海洋环境保护区设立和发展的主要模式。海洋公园定义为：由中央政府指定并受法律严格保护的，具有一个或多个保持自然状态或适度开发的生态系统和一定面积的地理区域（主要包括海滨、海湾、海岛及其周边海域等）。该区域旨在保护海洋生态系统、海洋矿产蕴藏地以及海洋景观和历史文化遗产等，是供国民游憩娱乐、科学研究和环境教育的特定海陆空间。

在不同的国家或地区中由于地理区位、自然环境以及社会经济发展等差异对海洋公园的概念定位、类型划分以及命名存在较大差异，如国家公园（National Park）、国家海洋公园（National Marine Park）、国家海岸公园（National Coast Park）、国家海滨公园（National Seashore）、国家海洋保护区（National Marine Sanctuary）等。

一般建立海洋保护区都是为了保护该区内的生态系统与生物多样性，并禁止开展大规模的休闲游憩活动。然而，部分海洋保护区在满足保护生态系统和生物多样性的前提下，允许开展一定规模的休闲游憩活动，这类海洋保护区就逐渐演变成了海洋公园。例如，美国的国家海岸公园，加拿大、澳大利亚等国的国家海洋公园等。不同的国家和地区，不仅对于国家海洋公园的称谓不同，而且在概念界定上也没有一个较为一致的标准。例如，澳大利亚政府认为海洋公园是一个多用途园区，旨在保护海洋生物的多样性，兼顾各种娱乐和商业活动，为此实行了分区计划，在海洋公园内划分避难区、环境保护区、一般用途区和特殊用途区，并分别为这些不同的区域设定了具体的目标和特殊条款。

10.2.2 海洋公园的特点

每个国家都有其各自的国情与独一无二的自然条件，其建立的海洋公园也有较大的差别。在一些人口密度较小的国家，如美国，那些没有被人为开发过的原始自然海岸，大量的原始沙坝、潟湖和湿地沼泽、沿海森林是美国国家海洋公园的主体；也有以保护滨海山地及森林自然景观为主的国家公园，如阿卡迪亚国家公园等。在一些人口密度较大，国土面积狭小并且有着长久的沿海经济发展的国家，如英国、日本等，其沿海地区几乎不存在完全没有受到人为影响的原始自然海岸，其国家海洋公园建设的主要目的是恢复和保护已开发的、尚未遭破坏或轻度破坏的自然景观及历史文化景观。另外，在加拿大，国家海洋公园的设立主要考虑海域环境，即以保护独特的海域水生生态环境为主。

尽管各国设立的国家海洋公园存在较大的差异，但公园的特征基本类似。①提供一个生态保护的场所。通过对公园内自然生态及历史文化等遗产的保护，为后代子孙提供一个能够公平地享受人类自然及文化遗产的机会。②提供一个游憩娱乐的场所。通过对海陆特定区域内具有观赏及游憩价值的自然景观及文化历史遗产的保护，为公众提供一个回归自然，欣赏生态景观，修身养性，陶冶情操的天然游憩场所，并增加社区居民收入，繁荣区域经济，进一步推动公园的生态保护。③提供一个学术研究及环境教育的场所。海洋公园拥有的大量未经人类开发活动改变或干扰的地质、地貌、气候、土壤、水域及动植物等资源，是研究生态系统及文化历史遗产的理想对象，具有较高的学术研究及国民教育价值。

因此，不论是 IUCN 的"国家公园"，澳大利亚的"海洋公园"，还是美国的"国家海岸公园"，加拿大的"国家海洋公园"，均是站在公众利益的角度，强调保护脆弱的海洋生态环境和生物多样性，也都不排斥游憩、科研、教育等合理的资源利用模式。国家海洋公园作为海洋保护区的一种类型，以保护海洋区域内的生物多样性和海洋景观为主，兼顾海洋旅游娱乐的发展模式得到了人们的普遍认可，成为沿海各国海洋保护区建设的主要选择模式之一。国家海洋公园设立的根本目的在于保护特殊海域的生态系统和自然与人类历史文化遗产，把人为的影响降到最低点。

10.2.3　国内外著名海洋公园

1. 阿卡迪亚国家公园

阿卡迪亚国家公园位于美国缅因州大西洋的芒特迪塞特岛，面积 168km²。1916 年初建，1919 年命名为拉斐特国家公园，1929 年改名为阿卡迪亚国家公园。主要部分为芒特迪瑟特岛森林地带，以凯迪拉克山为主体，有阿内蒙洞和西厄尔德芒茨泉；其他地区还包括峭壁耸立的半个欧岛和斯库迪克半岛。该国家公园寒冷的浅水海湾中栖息着大量海生动物。嶙峋的礁石、苍郁的森林、弯延曲折的海岸线、高耸的山峰、深邃的峡湾、明镜般的湖泊、壮丽的潮汐、一望无际的蓝得没有一丝杂色的大海是整个公园的精华。

2. 彭布罗克郡海岸国家公园

彭布罗克郡海岸国家公园（图 10.3）位于威尔士西南部，1952 年被确定为国家公园，占地面积 620km²，拥有 416km 的海岸线，是英国独一无二的海岸公园，作为英国国家公园系统中唯一一处具有真正意义上的海岸公园，彭布罗克郡海岸国家公园囊括了威尔士的整个西南海岸。除了宽广的海域外，它还拥有威尔士最好的海滩、海角、海湾、峭壁以及旖旎的海边城镇，风景优美壮丽。

3. 日本山阴海岸国立公园

日本山阴海岸国立公园（图 10.4）是一个位于日本山阴地区的国立公园，其范围横跨了京都府丹后半岛的网野海岸、兵库县的但马地区，直到鸟取县东部的鸟取砂丘为止，共有 75km 濒临日本海的海岸线。

图 10.3　英国彭布罗克郡海岸国家公园

(https://www.visitpembrokeshire.com/articles/pembrokeshire-myths-and-legends)

图 10.4　日本山阴海岸国立公园(https://www.env.go.jp/park/sanin/photo/a05/a05_p004.html)

4. 红海湾遮浪半岛国家级海洋公园

红海湾遮浪半岛国家级海洋公园是位于广东省汕尾市沿海一个半封闭的海湾公园，红海湾有"中国观浪第一湾"之称。湖泊、岛屿、港湾交错，沙滩蜿蜒连绵，沿岸礁岩多姿，有 57km 的漫长海岸线，滨海风光秀丽，人文古迹众多，具有独特的亚热带海滨风光，成为每年海边休闲旅游的大热之地。

5. 安通国家海洋公园

安通国家海洋公园(图 10.5)是泰国第二大的国家公园。尽管公园占地面积为 $102km^2$，但是干燥的陆地只有 $18km^2$。泰国安通国家海洋公园位于苏梅岛北方的安通群岛，是一个由 42 个石灰岩小岛组成的海洋保护区，区内大部分区域是没有居民的岛。

图 10.5　泰国安通国家海洋公园

(https://www.angthongmarinepark.com/fast-facts-angthong-thailand/national-park-history/)

10.3　沙漠公园

10.3.1　沙漠公园的概念与作用

沙漠是指干旱地区地表为大片沙丘覆盖、气候干燥、降水稀少、植物稀疏的区域，是自然界形成的独特地貌。但沙漠并非寸草不生的荒芜之地，而是地球上与森林、草原、湿地同样重要的生态系统，不仅具有风景秀丽的沙丘等景观资源，而且分布有丰富的生物资源，更拥有丰富的矿产资源，是重要的国土资源和自然资源，具有巨大的环境功能和生态效益。

沙漠公园是以沙漠景观为主体，以保护荒漠生态系统为目的，在促进防沙治沙和保护生态功能的基础上，合理利用沙区资源，开展公众游憩、旅游休闲和进行科学、文化、宣传和教育活动的特定区域。沙漠公园不仅是颇具特色的旅游产品，也是防沙治沙事业的重要组成部分，对创新治沙新模式、推动生态文明建设、促进区域经济发展具有积极意义。设立沙漠公园可以保护沙漠地区脆弱的生态环境和沙漠生物的多样性，达成防沙治沙改善生态环境的目的；可以在保护的前提下发展沙漠旅游产业从而提高农牧民的收入，促进地方区域经济的增长；可以将防沙治沙与宣传、教育相结合，使公众认识沙漠、了解沙漠、体验沙漠，提高公众对防沙治沙的认识，把防沙治沙提升到建设生态文化、实现生态文明的战略高度；还可以对现有沙区植被进行有效的管理和保护，巩固和提高防沙治沙成果。通过公园式的管理方式，可以从根本上解决缺少管护资金导致的重建造轻管理的顽疾。建设沙漠公园，把防沙治沙、生态保护、新技术应用、新成果展示推广以及宣传教育和开发利用集于一体，可以有效促进防沙治沙技术进步，调动社会各界广泛参与，多渠道吸纳社会资金用于沙区生态保护与建设，实现防沙治沙投资主体多元化。

10.3.2 沙漠公园的特点

1. 脆弱的生态系统

干旱缺水、植被稀少、风力侵蚀作用大是沙漠的典型特征，与其他自然公园相比沙漠公园的生态系统是极其脆弱的，由于自然恢复能力有限，若生态系统一旦被破坏，想要对其进行恢复需要投入的人力、物力与时间成本是极高的。建立沙漠公园应当把保护生态系统与防沙治沙摆在首位，把开展休闲游憩活动摆在次要位置。

2. 分布不均衡

我国的沙漠公园大多都集中在西北地区，这与我国的自然地理条件密不可分。由于距离海洋远近的不同，越往西气候就越干旱。以胡焕庸线为界，该线的西北地区以干旱和半干旱为主，经济发展水平与东南地区相比较为落后。沙漠公园主要集中在该线以西以北的地区。

10.3.3 我国沙漠公园的现状与发展历程

1. 我国沙漠公园的现状

我国是世界上土地沙化最严重的国家之一，呈现出面积大、分布广、危害重的特点，保护和修复荒漠生态系统迫在眉睫。这些广阔的沙漠及石漠化土地是建设国家沙漠公园和石漠公园的基本资源。根据第五次全国荒漠化和沙化监测数据，全国沙化土地面积为 172.12 万 km^2，占国土总面积的 17.93%，沙漠面积是 59.43 万 km^2，占国土面积的 6.19%，主要分布在贺兰山以西的阿拉善高原、河西走廊、柴达木盆地和新疆的干旱盆地。从这可以看出，我国西北省份与自治区是建立沙漠公园的重点地区。为规范国家沙漠公园建设和管理，促进国家沙漠公园健康发展，按照《全国防沙治沙规划(2011—2020 年)》的有关要求，国家林业局于 2013 年启动了国家沙漠公园建设试点工作，并在中卫设立了首个国家沙漠公园——宁夏沙坡头国家沙漠公园。该公园建成后，对宣传沙坡头防沙治沙技术、保护沙坡头区域沙漠景观、开展科学研究、加强宣传教育和保存自然文化遗产起到积极的宣传示范和辐射带动作用。通过沙漠公园的建立和有效管理,区域内沙漠资源得到合理保护与科学合理利用,有利于自然保护区内荒漠生态系统的良性循环。每年旅游收入达2000余万元,增加了当地的旅游和其他服务业收入,带动沙坡头地区餐饮、运输、交通、旅馆等第三产业的发展。

2. 我国沙漠公园的发展历程

1994年在法国巴黎签署了世界上第一部专门用于荒漠化防治、荒漠保护及其资源合理利用的国际行动和合作框架——《联合国防治荒漠化公约》。公约的签署,带动了许多国家对荒漠生态系统的保护热情。建立沙漠公园已成为国际社会上行之有效的荒漠化防治措施之一。一些国家和地区通过在沙漠地区建立国家公园保护荒漠生态系统、恢复生态系统功能、改善生态状况,并取得了明显成效。

建设国家沙漠公园是"一带一路"倡议的亮点,对改善沙区生态、促进防沙治沙具有重要的推动作用。开展国家沙漠公园建设,也是各级政府深入贯彻落实党的十八大精神、推动生态文明和美丽中国建设的重要举措,对保护自然生态系统、维护好区域生态安全、宣传好生态文明理念、营造好生态文明风气都具有十分重要的现实意义。在我国,党中央、国务院始终高度重视防沙治沙工作,特别是进入21世纪以来,为了有效治理沙化土地,2002年国家颁布实施了《中华人民共和国防沙治沙法》,2005年出台了《国务院关于进一步加强防沙治沙工作的决定》。该法案和决定明确提出有条件的地方可以发展沙区旅游业,培育新的经济增长点,增加农牧民收入,促进沙区经济发展。党的十八届三中全会明确提出了建立国家公园体制的重大命题,这是我们党在生态文明制度建设方面的重大创新和重要举措。党的十九大报告明确指出,建立以国家公园为主体的自然保护地体系。2016年,国家林业局又印发了《国家沙漠公园发展规划(2016—2025年)》,为规范国家沙漠公园建设和管理,科学规划国家沙漠公园,促进国家沙漠公园持续健康发展提供了依据。

10.3.4 国内外著名沙漠公园

1. 武威沙漠公园

武威沙漠公园(图10.6)位于武威城东22km处的腾格里沙漠边缘,始建于1986年,占地1.2万亩,是国内最早在沙漠中建立的公园,被誉为"沙海第一园"。

2. 纳米布-诺克卢福国家公园

纳米布-诺克卢福国家公园成立于1979年8月1日,它环绕着纳米布沙漠和诺克卢福山脉,总面积约为49 768km^2,是非洲最大、世界第四大的野生动物保护区。公园里最吸引人的地方是著名的索苏维来沙丘,此沙丘是纳米比亚最受欢迎的旅游景点之一。在纳米布-诺克卢福国家公园内极其干旱的自然条件下,这里奇迹般地生活着多种生物,主要包括蛇、壁虎、稀有昆虫、土狼、好望角大羚羊和豺狼等。

图 10.6　武威沙漠公园(https://www.gswuwei.gov.cn/art/2022/5/19/art_683_775899.html)

3. 拉克伊斯·马拉赫塞斯国家公园

拉克伊斯·马拉赫塞斯国家公园位于巴西马拉尼奥州境内，这里也是巴西的北部海滨地区。1981 年巴西政府在这里建立了国家公园，占地约 $1500km^2$。拉克伊斯·马拉赫塞斯由众多白色的沙丘和深蓝色的咸水湖共同组成，其美丽的景色是世界上独一无二的。

10.4　冰川公园

10.4.1　冰川公园的概念与作用

冰川，又称为冰河，是极地或高山地区沿地面运动的巨大冰体，是陆上重要水体之一。全世界冰川绝大部分分布在南极大陆、格陵兰和北极诸岛，其余分布在中、低纬度的高山地区，总面积达 $16\ 227\ 500km^2$，占世界陆地面积的 11%。储水量估算为 $24\ 064\ 100km^3$，占世界淡水资源总量的 68.7%。冰川公园是指极大陆型冰川地貌与亚大陆型冰川地貌的过渡地区。

10.4.2　冰川公园的特点

1. 气候变化敏感

冰川是气候变化最敏感、最直接的信息载体。近几十年来，全球气候的变暖导致世界各地的冰川纷纷表现出退缩状态，且随着游客的大量增加，对公园内的冰川遗迹、地震遗迹等景观和现代冰川以及公园内的冻土生态系统与环境的保护等带来不利影响。

2. 地区分布不均

中国冰川主要集中分布于中国西部和北部，共计 46 298 条，冰川面积 59 406km^2，冰储量 5590km^3。其中，西藏为中国冰川分布集中地区，有冰川面积 27 676km^2。中国冰川年均融水量约 563 亿 m^3，约占内河水资源总量的 20%。

10.4.3 我国冰川公园介绍

1. 玉龙雪山冰川公园

玉龙雪山冰川公园(图 10.7)位于云南省丽江市玉龙纳西族自治县境内，在玉龙雪山上，玉龙雪山主峰扇子陡东北坡，是玉龙雪山现代冰川的典型代表。玉龙雪山冰川公园是由冰川侵蚀而成的石洞、石穴组成的公园，是第四纪冰川形成的地貌遗迹，有“卢塞恩玻璃宫”之称。玉龙雪山是欧亚大陆纬度最低的一座有现代冰川分布的雪山。在其东麓，有 4 期更新世古冰川作用的遗迹分布在南北长 15～16km，东西宽 4～5km 的冰川公园范围内。在这样一个离城区较近的区域，却有一个面积不大但类型却十分齐全多样的现代冰川和古冰川遗迹，可以说是浓缩了全球中低纬度山岳冰川的主要精华，在我国是十分罕见的。该冰川公园对冰川的研究，生态环境的保护及旅游、科学考察的研究都具有极为重要的价值。

2. 慕士塔格冰川公园

慕士塔格冰川公园(图 10.8)是国家级冰川公园，是新疆维吾尔自治区、喀什地区和塔什库尔干县旅游景区重点建设项目。该冰川公园位于世界著名的“冰山之父”——7546m 的慕士塔格峰裙带下，距县城 72km，距 314 国道 12km，平均海拔 5000m，有美丽的“绿弓湖”在此停留。游客可以看到冰川的雄伟，冰蛇的秀丽，冰塔、冰洞的多姿多彩，4 层冰湖的柔情和峻冷，还可以观赏到奇山怪石、奇花异草、野生动物等。

3. 海螺沟冰川森林公园

海螺沟冰川森林公园位于贡嘎雪峰脚下，以低海拔的现代冰川著称于世，是国家级重点风景名胜区、国家森林公园、国家级自然保护区、国家级地质公园、冰川森林公园、AAAAA 级旅游区。海螺沟冰川位于四川省甘孜藏族自治州的贡嘎山，是世界上已发现的为数极少的低纬度、低海拔且最易接近的现代冰川之一。海螺沟冰川森林公园(图 10.9)是集生态完整的原始森林和高山沸、热、温、冷泉为一体的综合型旅游风景区。

4. 克州冰川国家森林公园

克州冰川国家森林公园(图 10.10)原名奥依塔格原始森林公园。冰川位于新疆维吾尔自治区克孜勒苏柯尔克孜自治州阿克陶县境内帕米尔高原的群山之中，海拔 2300～5300m，是

图 10.7　玉龙雪山冰川公园

(http://www.yulong.gov.cn/xljylx/c101200/202201/a92618ec62834fe69a88a054099287c3.shtml)

我国海拔最低的冰川，也是世界上最为壮观的冰川之一，景色壮美，风光旖旎。克州冰川国家森林公园已列为国家AAAA级旅游景区。

5. 廓琼岗日冰川公园

廓琼岗日冰川公园(图 10.11)位于西藏当雄县格达乡境内，海拔约5500m，距拉萨约160km，是一处集冰川、雪山、湖泊、草甸于一体的独具特色的自然生态旅游区。在公园内，游客可以与冰川近距离接触，并可以亲身体验攀登的乐趣。

图 10.8　慕士塔格冰川公园(https://www.mafengwo.cn/poi/608897.html)

图 10.9　海螺沟冰川森林公园(https://www.hailuogou.com/wmhl/jd/)

10.4.4　国外冰川公园介绍

1. 美国冰河国家公园

美国冰河国家公园位于美国蒙大拿州北部与加拿大相毗连的国境线上，是北美特有物种的“大观园”。公园占地面积约 56.7 万 hm^2，原是布莱福特部族的印第安保留地的一部分，1910 年设立为美国国家公园。因这里有 50 余条冰川，故得名冰河国家公园。在该公园中以布莱福特冰川最大，占地面积约 4.8km^2，位于海拔 2440m 的杰克逊山和布莱福特山北坡。

图 10.10　克州冰川国家森林公园

(http://www.xjakt.gov.cn/xjakt/c104623/201911/407b12d2012d43c2a015d70df11fb47d.shtml)

图 10.11　廓琼岗日冰川公园

(http://lyfzt.xizang.gov.cn/xwzx_69/dsdt/202101/t20210108_186549.html)

2. 加拿大冰川国家公园

加拿大冰川国家公园(图 10.12)总面积约 1394km²，位于加拿大英属哥伦比亚省的落基山脉上。这里的高山顶上，终年覆盖着白雪，冰川在慢慢流动，山沟里激流奔腾。密密的原始森林里，高山野生动物在觅食、栖息，景观无比雄伟、神奇。加拿大冰川公园地形奇特，有高山山峰、山麓、冰川、湖泊、溪流、峡谷和海滨等独特的地貌景观。在兰格尔-圣伊莱亚斯地区,有极地外最广泛的冰川和冰原分布。这些特点,再加上兰格尔-圣伊莱亚斯高山、楚加奇高山和克卢恩高山,共同构成北美的"山国"。从地质上来讲,这些高山都属于太平洋山系,其中包括130km长的巴格利冰川,在美国是第二高山峰,是北美大陆最大的山麓冰川。大部分的低地出现在中部和西北边缘地带。在其他地区,低地只存在于山与海之间的狭窄地带,或者作为山谷、高原向海滨自然过渡的部分。

图 10.12 加拿大冰川国家公园(https://national-parks.org/canada/glacier-canada)

3. 阿根廷冰川国家公园

阿根廷冰川国家公园(图 10.13)是巴塔哥尼亚地区的一座国家公园,位于阿根廷南部的圣克鲁斯省。该冰川公园所在的冰川湖名为阿根廷湖,湖的面积达 1414km^2。这里地处南纬52°,属于高纬度地区,离南美洲最南端的火地岛不远,到首都布宜诺斯艾利斯则较为遥远,最近的城镇是30km外的卡拉法特。该冰川国家公园是一个奇特而美丽的自然风景区,有着崎岖高耸的山脉和许多的冰湖。在湖的远端3条冰河汇合处,乳灰色的冰水倾泻而下,像小圆屋顶一样巨大的流冰带着雷鸣般的轰响冲入湖中。巴塔哥尼亚冰原是地球上除南极大陆以外最大的一片冰雪覆盖着的陆地。阿根廷冰川国家公园内共有47条发源于巴塔哥尼亚冰原的冰川,而公园所在的阿根廷湖接纳了来自周围几十条冰川的冰流和冰块,其中最著名的是莫雷诺冰川。它的著名在于它是世界上少有的现在仍然"活着"的冰川,在这里每天都可以看到冰崩的奇观。阿根廷冰川国家公园建于1910年,1945年阿根廷将此地列为国家公园加以保护,1981年根据自然遗产遴选依据标准,该冰川国家公园被联合国教科文组织世界遗产委员会批准作为自然遗产列入《世界遗产名录》。

图 10.13 阿根廷国家冰川公园(https://national-parks.org/argentina/los-glaciares)

10.5 草原风景区

10.5.1 草原风景区的概念与作用

草原是一种面积较大的植物群落，由草本植物为主要构成元素，一般伴随着少量灌木。草原是指有鲜明特征的植物群落，其特点是以草本植物及其主要伴生植物为主要构成元素的自然群落，特指世界各地的芳草类植被群落，是节肢动物、哺乳动物最丰富的一种生态环境。

草原风景区不仅是物质产品的生产基地，具有生物多样性保育、营养元素循环、碳固持等特点，可以调节气候、提供清新空气、洁净水源和防止水土流失，还具有文化服务的功能，提供旅游、娱乐及其他非物质的服务。

10.5.2 草原风景区的特点

(1)地理范围广泛。草原风景区在地理环境上，分布范围宽泛，草原植物群落主要分布在欧洲、亚洲、非洲、北美洲及澳大利亚等地区，横跨全球，范围广泛。

(2)植物群落多样性强。草原风景区植物群落种类丰富，植物群落包括平原草原、丘陵草原、落叶草原、山地草原、高山草原、沼泽草原、荒漠草原等。

(3)生物多样性丰富。草原风景区具有较高的生物多样性，其中包括节肢动物、哺乳动物、鸟类、鱼类、昆虫等众多物种，并有植物群落与动物群落的相互作用。

10.5.3 我国部分草原风景区介绍

1. 木兰草原风景区

木兰草原风景区(图 10.14)位于武汉黄陂王家河镇街聂家岗，荆楚名山——木兰山的东面，湖北十大休闲度假区——木兰湖的南面，木兰故里——湖北省武汉市黄陂木兰生态旅游区境内，属“木兰八景”之一，距武汉中心城区 36km。国家 AAAAA 级旅游风景区、华中地区唯一的草原风情景区。

2. 盘县坡上草原风景名胜区

盘县坡上草原风景名胜区位于贵州六盘水市盘县北部，距县城 89km。盘县坡上草原风景名胜区属盘北高海拔区，最高海拔 2857m，最低海拔 740m，为高原山地地貌。以玄武岩，喀斯特地貌为主，平均气温 11.1℃，气候凉爽，居住有较多的彝族、白族、苗族、布依族等少数民族。

3. 当周草原风景区

当周草原风景区内阴坡地带绿树成荫，阳坡地带绿草连天，高山、森林、草原和亭台帐篷

图 10.14 木兰草原风景区(https://www.whmlcy.net/index/page/7.html)

融为一体,是一个地势平缓开阔的自然风景旅游区。这里的香浪节历史悠久,内容丰富多彩,民间歌舞悠扬婉转。该区植被完好、空气清爽洁净、日照丰富。时至盛夏,这里树木青翠欲滴,风光宜人,野生花卉在碧绿的草地上竞相开放。该草原风景区修建了仿古亭、佛塔、山门、观礼台、供电、供水等景点服务设施,使当周草原风景区更具魅力。景区的内务类服务设施日趋完善,饮食、娱乐、游玩融为一体,是避暑度假的绝佳之地,也是香巴拉旅游艺术节的主会场。

4. 那拉提草原风景区

位于新疆伊犁州新源县境内的那拉提草原(图 10.15)是世界四大草原之一的亚高山草甸植物区,自古以来就是著名的牧场。交错的河道、平展的河谷、高峻的山峰、茂密的森林交相辉映,每年 6 月至 9 月,草原上各种野花开遍山岗草坡,五颜六色,将草原点缀得绚丽多姿。优美的草原风光与当地哈萨克族民俗风情结合在一起,成为新疆著名的旅游观光度假区。

图 10.15 那拉提草原风景区(https://nalati.com/nlt/pages/zx/index.html)

5. 御道口草原森林风景区

御道口草原森林风景区(图 10.16)位于承德市围场满族蒙古族自治县的内蒙古高

原——坝上高原地区，1982 年被国务院批准为国家级风景名胜区，1998 年建立御道口草原风景区，1999 年被河北省政府定为河北省生态旅游示范区，2005 年被评为国家 AAAA 级旅游景区，2006 年被评为中国最佳旅游风景区。景区内有原始草原 70 万亩，湿地 20 万亩，天然淡水湖 21 个，泉水 47 处(多为矿泉)，河流 13 条，是滦河发源地之一。该景区有植物 50 科 659 种，野生动物 100 多种，山野珍品几十种，具有典型的生物多样性。该景区是人们草原观光、观鸟、骑马、垂钓、游船、篝火娱乐、越野赛车、科考探险、休闲度假、滑冰滑雪、狩猎等生态旅游的绝佳去处。交通方便，距北京 400km，距承德 220km，距围场 100km，主干公路直通景区，客源和区位优势明显，电力和通讯设施齐备，为旅游业的开发提供了基础条件。

图 10.16　御道口草原森林风景区(https://www.163.com/dy/article/FOKPAT400544780Q.html)

10.6　自然遗产

10.6.1　自然遗产概述

世界自然遗产是联合国教科文组织为保护自然遗产而设立的，根据《保护世界文化与自然遗产公约》规定申报成功的将列入《世界遗产名录》。

“自然遗产”是地球演化历史中重要阶段的突出例证，是进行中的重要地质过程、生物演化过程以及人类与自然环境相互关系的突出例证，是具有独特、稀有或绝妙的自然现象、地貌或具有罕见自然美的地域。

根据《保护世界文化和自然遗产公约》(以下简称为“世界遗产公约”)，自然遗产包括以下内容：①从科学或保护角度看，具有突出的普遍价值的地质和自然地理结构以及明确划为濒危动植物生存区。②从美学或科学角度看，具有突出的、普遍价值的由地质和生物结构或这类结构群组成的自然面貌。③从科学、保护或自然美角度看，具有突出的普遍价值的天然名胜或明确划分的自然区域。

根据《世界遗产公约》对世界自然遗产的定义和评定标准，可以把世界自然遗产的特征概括为以下4点：①独特性。世界自然遗产是经历了长期的自然演化所形成的自然地带或景观，它们一般表现在世界范围内的独一无二、无可替代和不可再生，一旦遭到破坏，其原有景观永难恢复。②整体性。世界自然遗产是遗产地各类资源的整合，任何资源的不协调，都会影响到遗产地的整个系统，因此对遗产地的旅游开发，都应保持其原有的完整状态，不能机械地将其分为许多孤立的部分。③典型性。世界自然遗产地都是经历了严格的评定之后所选取的在世界范围内有一定代表特征的地域，它们要么是能够代表地球演化或生物演化的重要阶段，要么具有罕见的自然地貌，因而在世界范围中具有典型性。④高价值性。正因为前面的几个特性，世界自然遗产因而呈现出高价值性、无可替代性。

10.6.2 自然遗产的审批条件

凡提名列入《世界遗产名录》的自然遗产项目，必须符合下列一项或几项标准方可获得批准：①构成代表地球演化史中重要阶段的突出例证；②构成代表进行中的生态和生物的进化过程，陆地、水生、海岸、海洋生态系统和动植物社区发展的突出例证；③独特、稀有或绝妙的自然现象、地貌或具有罕见自然美的地带；④尚存的珍稀或濒危动植物种的栖息地。

10.6.3 中国自然遗产介绍

截至2019年7月5日，我国世界遗产总数增至54处，自然遗产增至14处，自然遗产总数位列世界第一。下面将介绍几处具有特色的自然遗产。

1. 中国南方喀斯特自然遗产地

喀斯特是发育在以石灰岩和白云岩为主的碳酸盐岩上的地貌。中国喀斯特有面积大、地貌多样、典型、生物生态丰富等特点。“中国南方喀斯特”(图10.17)集中了中国最具代表性的喀斯特地形地貌区域。“中国南方喀斯特”由云南石林的剑状、柱状和塔状喀斯特，贵州荔波的锥状喀斯特(峰林)，重庆武隆的以天生桥、地缝、天坑群等为代表的立体喀斯特共同组成，形成于距今50万年至3亿年间，总面积达1460km^2。这一区域很多景点享誉国内外。比如云南石林素以“雄、奇、险、秀、幽、奥、旷”著称，被称为“天下第一奇观”“世界喀斯特的精华”；贵州荔波是布依族、水族、苗族和瑶族等少数民族聚集处，曾入选“中国最美的地方”“中国最美十大森林”。

2. 中国丹霞自然遗产地

丹霞地貌是指由产状水平或平缓的层状铁钙质混合不均匀胶结而成的红色碎屑岩(主要是砾岩和砂岩)，受垂直或高角度解理切割，并在差异风化、重力崩塌、流水溶蚀、风力侵

图 10.17　中国南方喀斯特自然遗产地

(https://www.xuexi.cn/41d98d2b75243b5e74611b4e6007e418/e43e220633a65f9b6d8b53712cba9caa.html)

蚀等综合作用下形成的有陡崖的城堡状、宝塔状、针状、柱状、棒状、方山状或峰林状的地貌。

中国丹霞(图 10.18)是中国境内由陆相红色砂砾岩在内生力量(包括隆起)和外来力量(包括风化和侵蚀)共同作用下形成的各种地貌景观的总称。这一遗产包括中国西南部亚热带地区的 6 处遗址。它们的共同特点是壮观的红色悬崖以及一系列侵蚀地貌,包括雄伟的天然岩柱、岩塔、沟壑、峡谷和瀑布等。跌宕起伏的地貌对保护包括约 400 种稀有或受威胁物种在内的亚热带常绿阔叶林和许多动植物起到了重要作用。中国丹霞世界自然遗产包括江西鹰潭龙虎山风景区、广东丹霞山风景区、贵州赤水风景区、福建泰宁风景区、浙江江郎山风景区、湖南崀山风景区等。

3. 新疆天山自然遗产地

新疆天山(图 10.19)属全球七大山系之一,是世界温带干旱地区最大的山脉链,也是全球最大的东西走向的独立山脉。新疆天山世界自然遗产地由昌吉回族自治州的博格达、巴音郭楞蒙古自治州的巴音布鲁克、阿克苏市的托木尔、伊犁哈萨克自治州的喀拉峻-库尔德宁4 个区域组成,总面积达 5759km^2。新疆天山具有较好的自然奇观,将反差巨大的炎热与寒冷、干旱与湿润、荒凉与秀美、壮观与精致奇妙地汇集在一起,展现了独特的自然美。典型的山地垂直自然带谱、南北坡景观差异和植物多样性体现了帕米尔-天山山地生物生态演进过程,也体现了这一区域由暖湿植物区系逐步被现代旱生的地中海植物区系所替代的生物进化过程。新疆天山也是中亚山地众多珍稀濒危物种、特有种的最重要栖息地。

图 10.18 丹霞自然遗产地

(http://www.gd.gov.cn/gdywdt/zwzt/whlvx/nrjj/content/post_2275594.html)

图 10.19 新疆天山自然遗产地(http://www.xjtstc.com/? ivk_sa=1021577k#/)

习题与思考题

1. 可以采取哪些措施来解决目前我国湿地公园所面临的问题？
2. 各国设立海洋公园的一致目的是什么？
3. 为什么在设立沙漠公园时要把防沙治沙、改善生态环境放在首位？
4. 我国目前有哪些入选世界自然遗产的景点？请例举。
5. 世界自然遗产的特性是什么？

主要参考文献

蔡敏华，2006. 遂昌金矿国家级矿山公园旅游可持续发展探析[J]. 矿业研究与开发(5)：90-91.

曹勇，2020. 加强自然保护区生态环境保护的有效途径[J]. 现代园艺，43(18)：150-151.

陈安泽，2016. 论旅游地学与地质公园的创立及发展，兼论中国地质遗迹资源——为庆祝中国地质科学院建院 60 周年而作[J]. 地球学报，37(5)：535-561.

陈安泽，卢云亭，1991. 旅游地学概论[M]. 北京：北京大学出版社.

陈百平，2018. 论自然保护区生态旅游与生态环境保护[J]. 华东科技(综合)(9)：473.

陈戈，夏正楷，俞晖，2001. 森林公园的概念、类型与功能[J]. 林业资源管理(3)：41-45.

陈贵松，陈剑萍，2000. 自然保护区森林旅游的合理开发[J]. 林业经济问题，20(5)：273-276.

陈俊，2008. 环境伦理并非人与自然间直接的伦理关系[J]. 环境与可持续发展(2)：64-65.

陈鑫峰，2015. 我国森林旅游发展成就、问题及建议[J]. 绿色中国 A 版(3)：76-79.

程岚，段渊古，殷晓彤，等，2014. 工业废弃地景观改造中的场所精神构建探析——以黄石国家矿山公园为例[J]. 西北林学院学报，29(3)：236-240.

程希平，陈鑫峰，叶文，等，2015. 日本森林体验的发展及启示[J]. 世界林业研究，28(2)：75-80.

杜文武，吴伟，李可欣，2018. 日本自然公园的体系与历程研究[J]. 中国园林，34(5)：76-82.

段菁，2015. 内蒙古毛乌素苏里格国家沙漠公园建设思路探讨[J]. 林业资源管理(6)：41-44.

高吉喜，刘晓曼，周大庆，等，2021. 中国自然保护地整合优化关键问题[J]. 生物多样性，29(3)：290-294.

高吉喜，徐梦佳，邹长新，2019. 中国自然保护地 70 年发展历程与成效[J]. 中国环境管理，11(4)：25-29.

国家城市建设总局办公厅，1982. 国家城市建设总局关于加强城市园林绿化工作的意见[Z]. 国家城建总局办公厅. 城市建设文件选编：431-437.

国家城市建设总局办公厅，1982. 国务院关于成立国家建工、城建两个总局的通知[Z]. 国家城建总局办公厅. 城市建设文件选编：57.

韩博，王婉洁，2019.中国国家矿山公园建设的现状与展望[J].煤炭经济研究，39(10)：64-69.

何小芊，王晓伟，熊国保，等，2014.中国国家地质公园空间分布及其演化研究[J].地域研究与开发，33(6)：86-91.

呼延佼奇，肖静，于博威，等，2014.我国自然保护区功能分区研究进展[J].生态学报，34(22)：6391-6396.

胡海胜，魏美才，唐继刚，等，2007.庐山风景名胜区景观格局动态及其模拟[J].生态学报(11)：4696-4706.

黄宝荣，王毅，苏利阳，等，2018.我国国家公园体制试点的进展、问题与对策建议[J].中国科学院院刊，33(1)：76-85.

金云峰，陶楠，2020.国家公园为主体"自然保护地体系规划"编制研究——基于国土空间规划体系传导[J].园林(10)：75-81.

雷彬，李江风，汪樱，等，2015.基于矿业遗迹保护和利用的樟村坪国家矿山公园规划探析[J].规划师，31(3)：51-56.

冷志明，麻先俊，2009.我国世界自然遗产的保护与利用[J].经济地理，29(4)：668-672.

李柏青，吴楚材，吴章文，2009.中国森林公园的发展方向[J].生态学报，29(5)：2749-2756.

李军，胡晶，2007.矿业遗迹的保护与利用——以黄石国家矿山公园大冶铁矿主园区规划设计为例[J].规划师，143(11)：45-48.

李楠，2018.矿山生态景观与乡村振兴可持续发展探索——以重庆国家矿山公园为例[J].生态城市与绿色建筑(4)：56-61.

李悦铮，王恒，2015.国家海洋公园：概念、特征及建设[J].旅游学，30(6)：11-14.

廖凌云，杨锐，曹越，2016.印度自然保护地体系及其管理体制特点评述[J].中国园林，32(7)：31-35.

刘丹一，朱斌，邹慧，等，2019.沙漠公园建设做法与启示[J].林业经济，41(2)：89-91.

罗杨，王双玲，马建章，2007.从历届世界公园大会议题看国际保护地建设与发展趋势[J].野生动物(3)：45-48.

马安娜，王秋凤，盛文萍，等，2014.中国自然保护区体系与管理模式的现状及问题[J].环境保护与循环经济，34(11)：22-23.

马斌，杜雨晴，2020.中国矿山公园文献综述[J].鞍山师范学院学报，22(2)：83-88.

马克平，2016.当前我国自然保护区管理中存在的问题与对策思考[J].生物多样性，24(3)：249-251.

欧阳志云，杜傲，徐卫华，2020.中国自然保护地体系分类研究[J].生态学报，40(20)：7207-7215.

欧阳志云，徐卫华，2014.整合我国自然保护区体系，依法建设国家公园[J].生物多样性，22(4)：425-427.

盛俐，刘媛，2009. 我国森林公园发展中的问题及对策[J]. 林业资源管理(4)：20-25.

四郎巴姆，2017. 甘孜自然保护区生态环境保护及可持续发展研究[J]. 环球人文地理(10)：259.

苏航，刘小妹，2020. 从国际相关体系看我国自然保护地体系建设[J]. 中国土地(4)：32-35.

唐芳林，2010. 中国国家公园建设的理论与实践研究[D]. 南京：南京林业大学.

唐芳林，2015. 国家公园定义探讨[J]. 林业建设(5)：19-24.

唐芳林，2018. 国家公园体制下的自然公园保护管理[J]. 林业建设(4)：1-6.

童国庆，2014. 加拿大冰川公园[J]. 海洋世界，481(8)：60-61.

王恒，李悦铮，2012. 国家海洋公园的概念、特征及建设意义[J]. 世界地理研究，21(3)：144-151.

王洪涛，2008. 德国自然公园的建设与管理[J]. 城乡建设(10)：73-75.

王维正，2000. 国家公园[M]. 北京：中国林业出版社.

王曦，曲云鹏，2006. 简析我国自然保护区立法之不足与完善对策[J]. 学术交流(9)：47-50.

王献溥，于顺利，陈宏伟，2007. 新疆哈纳斯湖保护区生态旅游资源开发和保护[J]. 野生动物(2)：36-41.

王心怡，2016. 法国区域自然公园研究及对我国乡村保护的经验借鉴[D]. 北京：北京林业大学.

温亚利，侯一蕾，马奔，等，2019. 中国国家公园建设与社会经济协调发展研究[M]. 北京：中国环境出版集团.

吴后建，但新球，舒勇，等，2015. 中国国家湿地公园：现状、挑战和对策[J]. 湿地科学，13(3)：306-314.

吴亮君，朱海燕，陈伟海，等，2019. 中国世界地质公园格局浅谈及展望[J]. 地质论评，65(5)：1198-1216.

吴鹏，2017. 我国自然保护区文化建设研究[D]. 北京：北京林业大学.

徐贵华，何显升，杨万柳，2017. 自然保护区生态旅游与生态环境保护[J]. 现代园艺(2)：184-185.

严国泰，宋霖，2019. 风景名胜区发展40年再认识[J]. 中国园林，35(3)：31-35.

杨锐，申小莉，马克平，2019. 关于贯彻落实“建立以国家公园为主体的自然保护地体系”的六项建议[J]. 生物多样性，27(2)：137-139.

杨通进，2000. 环境伦理学的基本理念[J]. 道德与文明(1)：6-10.

杨喆，吴健，2019. 中国自然保护区的保护成本及其区域分布[J]. 自然资源学报，34(4)：839-852.

袁兴中，刘红，高天刚，1995. 我国自然保护区的生态旅游开发[J]. 生态学杂志，14(4)：36-40.

张春英，洪伟，吴承祯，等，2007.武夷山风景名胜区景点空间分布特征[J].福建林学院学报(1)：20-24.

张建亮，王智，徐网谷，2019.以国家公园为主体的自然保护地分类方案构想[J].南京林业大学学报(人文社会科学版)，19(3)：57-69.

张建龙，王权进.中国自然保护区[M].北京：中国林业出版社.

张路，欧阳志云，徐卫华，2015.系统保护规划的理论、方法及关键问题[J].生态学报，35(4)：1284-1295.

张一群，2016.国家公园旅游生态补偿——以云南为例[M].北京：科学出版社.

赵敏燕，陈鑫峰，2016.中国森林公园的发展与管理[J].林业科学，52(1)：118-127.

赵逊，赵汀，2008.世界地质公园的发展近况和东南亚地质遗迹的保护现状[J].地质通报(3)：415-425.

甄莎，高伟明，张忠慧，2018.中国国家矿山公园现状研究[J].中国矿业，27(11)：11-17.

钟林生，肖练练，2017.中国国家公园体制试点建设路径选择与研究议题[J].资源科学，39(1)：1-10.

周树怀，2003.德国的国有林和森林公园建设与管理[J].湖南林业(7)：10-11.

周婷，牛安逸，马姣娇，等，2019.国家湿地公园时空格局特征[J].自然资源学报，34(1)：26-39.

朱春全，2018.IUCN自然保护地管理分类与管理目标[J].林业建设(5)：19-26.

附录 1

中共中央办公厅　国务院办公厅印发《关于建立以国家公园为主体的自然保护地体系的指导意见》

建立以国家公园为主体的自然保护地体系，是贯彻习近平生态文明思想的重大举措，是党的十九大提出的重大改革任务。自然保护地是生态建设的核心载体、中华民族的宝贵财富、美丽中国的重要象征，在维护国家生态安全中居于首要地位。我国经过 60 多年的努力，已建立数量众多、类型丰富、功能多样的各级各类自然保护地，在保护生物多样性、保存自然遗产、改善生态环境质量和维护国家生态安全方面发挥了重要作用，但仍然存在重叠设置、多头管理、边界不清、权责不明、保护与发展矛盾突出等问题。为加快建立以国家公园为主体的自然保护地体系，提供高质量生态产品，推进美丽中国建设，现提出如下意见。

一、总体要求

（一）指导思想。以习近平新时代中国特色社会主义思想为指导，全面贯彻党的十九大和十九届二中、三中全会精神，贯彻落实习近平生态文明思想，认真落实党中央、国务院决策部署，紧紧围绕统筹推进“五位一体”总体布局和协调推进“四个全面”战略布局，牢固树立新发展理念，以保护自然、服务人民、永续发展为目标，加强顶层设计，理顺管理体制，创新运行机制，强化监督管理，完善政策支撑，建立分类科学、布局合理、保护有力、管理有效的以国家公园为主体的自然保护地体系，确保重要自然生态系统、自然遗迹、自然景观和生物多样性得到系统性保护，提升生态产品供给能力，维护国家生态安全，为建设美丽中国、实现中华民族永续发展提供生态支撑。

（二）基本原则

——坚持严格保护，世代传承。牢固树立尊重自然、顺应自然、保护自然的生态文明理念，把应该保护的地方都保护起来，做到应保尽保，让当代人享受到大自然的馈赠和天蓝地绿水净、鸟语花香的美好家园，给子孙后代留下宝贵自然遗产。

——坚持依法确权，分级管理。按照山水林田湖草是一个生命共同体的理念，改革以部门设置、以资源分类、以行政区划分设的旧体制，整合优化现有各类自然保护地，构建新型分类体系，实施自然保护地统一设置，分级管理、分区管控，实现依法有效保护。

——坚持生态为民，科学利用。践行绿水青山就是金山银山理念，探索自然保护和资源利用新模式，发展以生态产业化和产业生态化为主体的生态经济体系，不断满足人民群众对优美生态环境、优良生态产品、优质生态服务的需要。

——坚持政府主导，多方参与。突出自然保护地体系建设的社会公益性，发挥政府在自然保护地规划、建设、管理、监督、保护和投入等方面的主体作用。建立健全政府、企业、社会组织和公众参与自然保护的长效机制。

——坚持中国特色,国际接轨。立足国情,继承和发扬我国自然保护的探索和创新成果。借鉴国际经验,注重与国际自然保护体系对接,积极参与全球生态治理,共谋全球生态文明建设。

(三)总体目标。建成中国特色的以国家公园为主体的自然保护地体系,推动各类自然保护地科学设置,建立自然生态系统保护的新体制新机制新模式,建设健康稳定高效的自然生态系统,为维护国家生态安全和实现经济社会可持续发展筑牢基石,为建设富强民主文明和谐美丽的社会主义现代化强国奠定生态根基。

到 2020 年,提出国家公园及各类自然保护地总体布局和发展规划,完成国家公园体制试点,设立一批国家公园,完成自然保护地勘界立标并与生态保护红线衔接,制定自然保护地内建设项目负面清单,构建统一的自然保护地分类分级管理体制。到 2025 年,健全国家公园体制,完成自然保护地整合归并优化,完善自然保护地体系的法律法规、管理和监督制度,提升自然生态空间承载力,初步建成以国家公园为主体的自然保护地体系。到 2035 年,显著提高自然保护地管理效能和生态产品供给能力,自然保护地规模和管理达到世界先进水平,全面建成中国特色自然保护地体系。自然保护地占陆域国土面积 18%以上。

二、构建科学合理的自然保护地体系

(四)明确自然保护地功能定位。自然保护地是由各级政府依法划定或确认,对重要的自然生态系统、自然遗迹、自然景观及其所承载的自然资源、生态功能和文化价值实施长期保护的陆域或海域。建立自然保护地目的是守护自然生态,保育自然资源,保护生物多样性与地质地貌景观多样性,维护自然生态系统健康稳定,提高生态系统服务功能;服务社会,为人民提供优质生态产品,为全社会提供科研、教育、体验、游憩等公共服务;维持人与自然和谐共生并永续发展。要将生态功能重要、生态环境敏感脆弱以及其他有必要严格保护的各类自然保护地纳入生态保护红线管控范围。

(五)科学划定自然保护地类型。按照自然生态系统原真性、整体性、系统性及其内在规律,依据管理目标与效能并借鉴国际经验,将自然保护地按生态价值和保护强度高低依次分为 3 类。

国家公园:是指以保护具有国家代表性的自然生态系统为主要目的,实现自然资源科学保护和合理利用的特定陆域或海域,是我国自然生态系统中最重要、自然景观最独特、自然遗产最精华、生物多样性最富集的部分,保护范围大,生态过程完整,具有全球价值、国家象征,国民认同度高。

自然保护区:是指保护典型的自然生态系统、珍稀濒危野生动植物种的天然集中分布区、有特殊意义的自然遗迹的区域。具有较大面积,确保主要保护对象安全,维持和恢复珍稀濒危野生动植物种群数量及赖以生存的栖息环境。

自然公园:是指保护重要的自然生态系统、自然遗迹和自然景观,具有生态、观赏、文化和科学价值,可持续利用的区域。确保森林、海洋、湿地、水域、冰川、草原、生物等珍贵自然资源,以及所承载的景观、地质地貌和文化多样性得到有效保护。包括森林公园、地质公园、海洋公园、湿地公园等各类自然公园。

制定自然保护地分类划定标准，对现有的自然保护区、风景名胜区、地质公园、森林公园、海洋公园、湿地公园、冰川公园、草原公园、沙漠公园、草原风景区、水产种质资源保护区、野生植物原生境保护区(点)、自然保护小区、野生动物重要栖息地等各类自然保护地开展综合评价，按照保护区域的自然属性、生态价值和管理目标进行梳理调整和归类，逐步形成以国家公园为主体、自然保护区为基础、各类自然公园为补充的自然保护地分类系统。

(六)确立国家公园主体地位。做好顶层设计，科学合理确定国家公园建设数量和规模，在总结国家公园体制试点经验基础上，制定设立标准和程序，划建国家公园。确立国家公园在维护国家生态安全关键区域中的首要地位，确保国家公园在保护最珍贵、最重要生物多样性集中分布区中的主导地位，确定国家公园保护价值和生态功能在全国自然保护地体系中的主体地位。国家公园建立后，在相同区域一律不再保留或设立其他自然保护地类型。

(七)编制自然保护地规划。落实国家发展规划提出的国土空间开发保护要求，依据国土空间规划，编制自然保护地规划，明确自然保护地发展目标、规模和划定区域，将生态功能重要、生态系统脆弱、自然生态保护空缺的区域规划为重要的自然生态空间，纳入自然保护地体系。

(八)整合交叉重叠的自然保护地。以保持生态系统完整性为原则，遵从保护面积不减少、保护强度不降低、保护性质不改变的总体要求，整合各类自然保护地，解决自然保护地区域交叉、空间重叠的问题，将符合条件的优先整合设立国家公园，其他各类自然保护地按照同级别保护强度优先、不同级别低级别服从高级别的原则进行整合，做到一个保护地、一套机构、一块牌子。

(九)归并优化相邻自然保护地。制定自然保护地整合优化办法，明确整合归并规则，严格报批程序。对同一自然地理单元内相邻、相连的各类自然保护地，打破因行政区划、资源分类造成的条块割裂局面，按照自然生态系统完整、物种栖息地连通、保护管理统一的原则进行合并重组，合理确定归并后的自然保护地类型和功能定位，优化边界范围和功能分区，被归并的自然保护地名称和机构不再保留，解决保护管理分割、保护地破碎和孤岛化问题，实现对自然生态系统的整体保护。在上述整合和归并中，对涉及国际履约的自然保护地，可以暂时保留履行相关国际公约时的名称。

三、建立统一规范高效的管理体制

(十)统一管理自然保护地。理顺现有各类自然保护地管理职能，提出自然保护地设立、晋(降)级、调整和退出规则，制定自然保护地政策、制度和标准规范，实行全过程统一管理。建立统一调查监测体系，建设智慧自然保护地，制定以生态资产和生态服务价值为核心的考核评估指标体系和办法。各地区各部门不得自行设立新的自然保护地类型。

(十一)分级行使自然保护地管理职责。结合自然资源资产管理体制改革，构建自然保护地分级管理体制。按照生态系统重要程度，将国家公园等自然保护地分为中央直接管理、中央地方共同管理和地方管理3类，实行分级设立、分级管理。中央直接管理和中央地方共同管理的自然保护地由国家批准设立；地方管理的自然保护地由省级政府批准设立，管理主体由省级政府确定。探索公益治理、社区治理、共同治理等保护方式。

（十二）合理调整自然保护地范围并勘界立标。制定自然保护地范围和区划调整办法，依规开展调整工作。制定自然保护地边界勘定方案、确认程序和标识系统，开展自然保护地勘界定标并建立矢量数据库，与生态保护红线衔接，在重要地段、重要部位设立界桩和标识牌。确因技术原因引起的数据、图件与现地不符等问题可以按管理程序一次性纠正。

（十三）推进自然资源资产确权登记。进一步完善自然资源统一确权登记办法，每个自然保护地作为独立的登记单元，清晰界定区域内各类自然资源资产的产权主体，划清各类自然资源资产所有权、使用权的边界，明确各类自然资源资产的种类、面积和权属性质，逐步落实自然保护地内全民所有自然资源资产代行主体与权利内容，非全民所有自然资源资产实行协议管理。

（十四）实行自然保护地差别化管控。根据各类自然保护地功能定位，既严格保护又便于基层操作，合理分区，实行差别化管控。国家公园和自然保护区实行分区管控，原则上核心保护区内禁止人为活动，一般控制区内限制人为活动。自然公园原则上按一般控制区管理，限制人为活动。结合历史遗留问题处理，分类分区制定管理规范。

四、创新自然保护地建设发展机制

（十五）加强自然保护地建设。以自然恢复为主，辅以必要的人工措施，分区分类开展受损自然生态系统修复。建设生态廊道、开展重要栖息地恢复和废弃地修复。加强野外保护站点、巡护路网、监测监控、应急救灾、森林草原防火、有害生物防治和疫源疫病防控等保护管理设施建设，利用高科技手段和现代化设备促进自然保育、巡护和监测的信息化、智能化。配置管理队伍的技术装备，逐步实现规范化和标准化。

（十六）分类有序解决历史遗留问题。对自然保护地进行科学评估，将保护价值低的建制城镇、村屯或人口密集区域、社区民生设施等调整出自然保护地范围。结合精准扶贫、生态扶贫，核心保护区内原住居民应实施有序搬迁，对暂时不能搬迁的，可以设立过渡期，允许开展必要的、基本的生产活动，但不能再扩大发展。依法清理整治探矿采矿、水电开发、工业建设等项目，通过分类处置方式有序退出；根据历史沿革与保护需要，依法依规对自然保护地内的耕地实施退田还林还草还湖还湿。

（十七）创新自然资源使用制度。按照标准科学评估自然资源资产价值和资源利用的生态风险，明确自然保护地内自然资源利用方式，规范利用行为，全面实行自然资源有偿使用制度。依法界定各类自然资源资产产权主体的权利和义务，保护原住居民权益，实现各产权主体共建保护地、共享资源收益。制定自然保护地控制区经营性项目特许经营管理办法，建立健全特许经营制度，鼓励原住居民参与特许经营活动，探索自然资源所有者参与特许经营收益分配机制。对划入各类自然保护地内的集体所有土地及其附属资源，按照依法、自愿、有偿的原则，探索通过租赁、置换、赎买、合作等方式维护产权人权益，实现多元化保护。

（十八）探索全民共享机制。在保护的前提下，在自然保护地控制区内划定适当区域开展生态教育、自然体验、生态旅游等活动，构建高品质、多样化的生态产品体系。完善公共服务设施，提升公共服务功能。扶持和规范原住居民从事环境友好型经营活动，践行公民生态环境行为规范，支持和传承传统文化及人地和谐的生态产业模式。推行参与式社区管理，按照生态保护需求设立生态管护岗位并优先安排原住居民。建立志愿者服务体系，健全自然保护地社会捐赠制度，激励企业、社会组织和个人参与自然保护地生态保护、建设与发展。

五、加强自然保护地生态环境监督考核

实行最严格的生态环境保护制度，强化自然保护地监测、评估、考核、执法、监督等，形成一整套体系完善、监管有力的监督管理制度。

（十九）建立监测体系。建立国家公园等自然保护地生态环境监测制度，制定相关技术标准，建设各类各级自然保护地“天空地一体化”监测网络体系，充分发挥地面生态系统、环境、气象、水文水资源、水土保持、海洋等监测站点和卫星遥感的作用，开展生态环境监测。依托生态环境监管平台和大数据，运用云计算、物联网等信息化手段，加强自然保护地监测数据集成分析和综合应用，全面掌握自然保护地生态系统构成、分布与动态变化，及时评估和预警生态风险，并定期统一发布生态环境状况监测评估报告。对自然保护地内基础设施建设、矿产资源开发等人类活动实施全面监控。

（二十）加强评估考核。组织对自然保护地管理进行科学评估，及时掌握各类自然保护地管理和保护成效情况，发布评估结果。适时引入第三方评估制度。对国家公园等各类自然保护地管理进行评价考核，根据实际情况，适时将评价考核结果纳入生态文明建设目标评价考核体系，作为党政领导班子和领导干部综合评价及责任追究、离任审计的重要参考。

（二十一）严格执法监督。制定自然保护地生态环境监督办法，建立包括相关部门在内的统一执法机制，在自然保护地范围内实行生态环境保护综合执法，制定自然保护地生态环境保护综合执法指导意见。强化监督检查，定期开展“绿盾”自然保护地监督检查专项行动，及时发现涉及自然保护地的违法违规问题。对违反各类自然保护地法律法规等规定，造成自然保护地生态系统和资源环境受到损害的部门、地方、单位和有关责任人员，按照有关法律法规严肃追究责任，涉嫌犯罪的移送司法机关处理。建立督查机制，对自然保护地保护不力的责任人和责任单位进行问责，强化地方政府和管理机构的主体责任。

六、保障措施

（二十二）加强党的领导。地方各级党委和政府要增强“四个意识”，严格落实生态环境保护党政同责、一岗双责，担负起相关自然保护地建设管理的主体责任，建立统筹推进自然保护地体制改革的工作机制，将自然保护地发展和建设管理纳入地方经济社会发展规划。各相关部门要履行好自然保护职责，加强统筹协调，推动工作落实。重大问题及时报告党中央、国务院。

（二十三）完善法律法规体系。加快推进自然保护地相关法律法规和制度建设，加大法律法规立改废释工作力度。修改完善自然保护区条例，突出以国家公园保护为主要内容，推动制定出台自然保护地法，研究提出各类自然公园的相关管理规定。在自然保护地相关法律、行政法规制定或修订前，自然保护地改革措施需要突破现行法律、行政法规规定的，要按程序报批，取得授权后施行。

（二十四）建立以财政投入为主的多元化资金保障制度。统筹包括中央基建投资在内的各级财政资金，保障国家公园等各类自然保护地保护、运行和管理。国家公园体制试点结束后，结合试点情况完善国家公园等自然保护地经费保障模式；鼓励金融和社会资本出资设立自然保护地基金，对自然保护地建设管理项目提供融资支持。健全生态保护补偿制度，将自然保护地内的林木按规定纳入公益林管理，对集体和个人所有的商品林，地方可依法自主优先赎买；按自然保护地规模和管护成效加大财政转移支付力度，加大对生态移民的补偿扶持投入。建立完善野生动物肇事损害赔偿制度和野生动物伤害保险制度。

（二十五）加强管理机构和队伍建设。自然保护地管理机构会同有关部门承担生态保护、自然资源资产管理、特许经营、社会参与和科研宣教等职责，当地政府承担自然保护地内经济发展、社会管理、公共服务、防灾减灾、市场监管等职责。按照优化协同高效的原则，制定自然保护地机构设置、职责配置、人员编制管理办法，探索自然保护地群的管理模式。适当放宽艰苦地区自然保护地专业技术职务评聘条件，建设高素质专业化队伍和科技人才团队。引进自然保护地建设和发展急需的管理和技术人才。通过互联网等现代化、高科技教学手段，积极开展岗位业务培训，实行自然保护地管理机构工作人员继续教育全覆盖。

（二十六）加强科技支撑和国际交流。设立重大科研课题，对自然保护地关键领域和技术问题进行系统研究。建立健全自然保护地科研平台和基地，促进成熟科技成果转化落地。加强自然保护地标准化技术支撑工作。自然保护地资源可持续经营管理、生态旅游、生态康养等活动可研究建立认证机制。充分借鉴国际先进技术和体制机制建设经验，积极参与全球自然生态系统保护，承担并履行好与发展中大国相适应的国际责任，为全球提供自然保护的中国方案。

附录 2

中共中央办公厅　国务院办公厅印发《建立国家公园体制总体方案》

国家公园是指由国家批准设立并主导管理，边界清晰，以保护具有国家代表性的大面积自然生态系统为主要目的，实现自然资源科学保护和合理利用的特定陆地或海洋区域。建立国家公园体制是党的十八届三中全会提出的重点改革任务，是我国生态文明制度建设的重要内容，对于推进自然资源科学保护和合理利用，促进人与自然和谐共生，推进美丽中国建设，具有极其重要的意义。为加快构建国家公园体制，在总结试点经验基础上，借鉴国际有益做法，立足我国国情，制定本方案。

一、总体要求

（一）指导思想。全面贯彻党的十八大和十八届三中、四中、五中、六中全会精神，深入贯彻习近平总书记系列重要讲话精神和治国理政新理念新思想新战略，认真落实党中央、国务院决策部署，紧紧围绕统筹推进“五位一体”总体布局和协调推进“四个全面”战略布局，牢固树立和贯彻落实新发展理念，坚持以人民为中心的发展思想，加快推进生态文明建设和生态文明体制改革，坚定不移实施主体功能区战略和制度，严守生态保护红线，以加强自然生态系统原真性、完整性保护为基础，以实现国家所有、全民共享、世代传承为目标，理顺管理体制，创新运营机制，健全法治保障，强化监督管理，构建统一规范高效的中国特色国家公园体制，建立分类科学、保护有力的自然保护地体系。

（二）基本原则

——科学定位、整体保护。坚持将山水林田湖草作为一个生命共同体，统筹考虑保护与利用，对相关自然保护地进行功能重组，合理确定国家公园的范围。按照自然生态系统整体性、系统性及其内在规律，对国家公园实行整体保护、系统修复、综合治理。

——合理布局、稳步推进。立足我国生态保护现实需求和发展阶段，科学确定国家公园空间布局。将创新体制和完善机制放在优先位置，做好体制机制改革过程中的衔接，成熟一个设立一个，有步骤、分阶段推进国家公园建设。

——国家主导、共同参与。国家公园由国家确立并主导管理。建立健全政府、企业、社会组织和公众共同参与国家公园保护管理的长效机制，探索社会力量参与自然资源管理和生态保护的新模式。加大财政支持力度，广泛引导社会资金多渠道投入。

（三）主要目标。建成统一规范高效的中国特色国家公园体制，交叉重叠、多头管理的碎片化问题得到有效解决，国家重要自然生态系统原真性、完整性得到有效保护，形成自然生态系统保护的新体制新模式，促进生态环境治理体系和治理能力现代化，保障国家生态安全，实现人与自然和谐共生。

到 2020 年，建立国家公园体制试点基本完成，整合设立一批国家公园，分级统一的管理体制基本建立，国家公园总体布局初步形成。到 2030 年，国家公园体制更加健全，分级统一的管理体制更加完善，保护管理效能明显提高。

二、科学界定国家公园内涵

（四）树立正确国家公园理念。坚持生态保护第一。建立国家公园的目的是保护自然生态系统的原真性、完整性，始终突出自然生态系统的严格保护、整体保护、系统保护，把最应该保护的地方保护起来。国家公园坚持世代传承，给子孙后代留下珍贵的自然遗产。坚持国家代表性。国家公园既具有极其重要的自然生态系统，又拥有独特的自然景观和丰富的科学内涵，国民认同度高。国家公园以国家利益为主导，坚持国家所有，具有国家象征，代表国家形象，彰显中华文明。坚持全民公益性。国家公园坚持全民共享，着眼于提升生态系统服务功能，开展自然环境教育，为公众提供亲近自然、体验自然、了解自然以及作为国民福利的游憩机会。鼓励公众参与，调动全民积极性，激发自然保护意识，增强民族自豪感。

（五）明确国家公园定位。国家公园是我国自然保护地最重要类型之一，属于全国主体功能区规划中的禁止开发区域，纳入全国生态保护红线区域管控范围，实行最严格的保护。国家公园的首要功能是重要自然生态系统的原真性、完整性保护，同时兼具科研、教育、游憩等综合功能。

（六）确定国家公园空间布局。制定国家公园设立标准，根据自然生态系统代表性、面积适宜性和管理可行性，明确国家公园准入条件，确保自然生态系统和自然遗产具有国家代表性、典型性，确保面积可以维持生态系统结构、过程、功能的完整性，确保全民所有的自然资源资产占主体地位，管理上具有可行性。研究提出国家公园空间布局，明确国家公园建设数量、规模。统筹考虑自然生态系统的完整性和周边经济社会发展的需要，合理划定单个国家公园范围。国家公园建立后，在相关区域内一律不再保留或设立其他自然保护地类型。

（七）优化完善自然保护地体系。改革分头设置自然保护区、风景名胜区、文化自然遗产、地质公园、森林公园等的体制，对我国现行自然保护地保护管理效能进行评估，逐步改革按照资源类型分类设置自然保护地体系，研究科学的分类标准，理清各类自然保护地关系，构建以国家公园为代表的自然保护地体系。进一步研究自然保护区、风景名胜区等自然保护地功能定位。

三、建立统一事权、分级管理体制

（八）建立统一管理机构。整合相关自然保护地管理职能，结合生态环境保护管理体制、自然资源资产管理体制、自然资源监管体制改革，由一个部门统一行使国家公园自然保护地管理职责。

国家公园设立后整合组建统一的管理机构，履行国家公园范围内的生态保护、自然资源资产管理、特许经营管理、社会参与管理、宣传推介等职责，负责协调与当地政府及周边社区关系。可根据实际需要，授权国家公园管理机构履行国家公园范围内必要的资源环境综合执法职责。

(九)分级行使所有权。统筹考虑生态系统功能重要程度、生态系统效应外溢性、是否跨省级行政区和管理效率等因素,国家公园内全民所有自然资源资产所有权由中央政府和省级政府分级行使。其中,部分国家公园的全民所有自然资源资产所有权由中央政府直接行使,其他的委托省级政府代理行使。条件成熟时,逐步过渡到国家公园内全民所有自然资源资产所有权由中央政府直接行使。

按照自然资源统一确权登记办法,国家公园可作为独立自然资源登记单元,依法对区域内水流、森林、山岭、草原、荒地、滩涂等所有自然生态空间统一进行确权登记。划清全民所有和集体所有之间的边界,划清不同集体所有者的边界,实现归属清晰、权责明确。

(十)构建协同管理机制。合理划分中央和地方事权,构建主体明确、责任清晰、相互配合的国家公园中央和地方协同管理机制。中央政府直接行使全民所有自然资源资产所有权的,地方政府根据需要配合国家公园管理机构做好生态保护工作。省级政府代理行使全民所有自然资源资产所有权的,中央政府要履行应有事权,加大指导和支持力度。国家公园所在地方政府行使辖区(包括国家公园)经济社会发展综合协调、公共服务、社会管理、市场监管等职责。

(十一)建立健全监管机制。相关部门依法对国家公园进行指导和管理。健全国家公园监管制度,加强国家公园空间用途管制,强化对国家公园生态保护等工作情况的监管。完善监测指标体系和技术体系,定期对国家公园开展监测。构建国家公园自然资源基础数据库及统计分析平台。加强对国家公园生态系统状况、环境质量变化、生态文明制度执行情况等方面的评价,建立第三方评估制度,对国家公园建设和管理进行科学评估。建立健全社会监督机制,建立举报制度和权益保障机制,保障社会公众的知情权、监督权,接受各种形式的监督。

四、建立资金保障制度

(十二)建立财政投入为主的多元化资金保障机制。立足国家公园的公益属性,确定中央与地方事权划分,保障国家公园的保护、运行和管理。中央政府直接行使全民所有自然资源资产所有权的国家公园支出由中央政府出资保障。委托省级政府代理行使全民所有自然资源资产所有权的国家公园支出由中央和省级政府根据事权划分分别出资保障。加大政府投入力度,推动国家公园回归公益属性。在确保国家公园生态保护和公益属性的前提下,探索多渠道多元化的投融资模式。

(十三)构建高效的资金使用管理机制。国家公园实行收支两条线管理,各项收入上缴财政,各项支出由财政统筹安排,并负责统一接受企业、非政府组织、个人等社会捐赠资金,进行有效管理。建立财务公开制度,确保国家公园各类资金使用公开透明。

五、完善自然生态系统保护制度

(十四)健全严格保护管理制度。加强自然生态系统原真性、完整性保护,做好自然资源本底情况调查和生态系统监测,统筹制定各类资源的保护管理目标,着力维持生态服务功能,提高生态产品供给能力。生态系统修复坚持以自然恢复为主,生物措施和其他措施相结合。严格规划建设管控,除不损害生态系统的原住民生产生活设施改造和自然观光、科研、教育、旅游外,禁止其他开发建设活动。国家公园区域内不符合保护和规划要求的各类设施、工矿企业等逐步搬离，建立已设矿业权逐步退出机制。

（十五）实施差别化保护管理方式。编制国家公园总体规划及专项规划，合理确定国家公园空间布局，明确发展目标和任务，做好与相关规划的衔接。按照自然资源特征和管理目标，合理划定功能分区，实行差别化保护管理。重点保护区域内居民要逐步实施生态移民搬迁，集体土地在充分征求其所有权人、承包权人意见基础上，优先通过租赁、置换等方式规范流转，由国家公园管理机构统一管理。其他区域内居民根据实际情况，实施生态移民搬迁或实行相对集中居住，集体土地可通过合作协议等方式实现统一有效管理。探索协议保护等多元化保护模式。

（十六）完善责任追究制度。强化国家公园管理机构的自然生态系统保护主体责任，明确当地政府和相关部门的相应责任。严厉打击违法违规开发矿产资源或其他项目、偷排偷放污染物、偷捕盗猎野生动物等各类环境违法犯罪行为。严格落实考核问责制度，建立国家公园管理机构自然生态系统保护成效考核评估制度，全面实行环境保护“党政同责、一岗双责”，对领导干部实行自然资源资产离任审计和生态环境损害责任追究制。对违背国家公园保护管理要求、造成生态系统和资源环境严重破坏的要记录在案，依法依规严肃问责、终身追责。

六、构建社区协调发展制度

（十七）建立社区共管机制。根据国家公园功能定位，明确国家公园区域内居民的生产生活边界，相关配套设施建设要符合国家公园总体规划和管理要求，并征得国家公园管理机构同意。周边社区建设要与国家公园整体保护目标相协调，鼓励通过签订合作保护协议等方式，共同保护国家公园周边自然资源。引导当地政府在国家公园周边合理规划建设入口社区和特色小镇。

（十八）健全生态保护补偿制度。建立健全森林、草原、湿地、荒漠、海洋、水流、耕地等领域生态保护补偿机制，加大重点生态功能区转移支付力度，健全国家公园生态保护补偿政策。鼓励受益地区与国家公园所在地区通过资金补偿等方式建立横向补偿关系。加强生态保护补偿效益评估，完善生态保护成效与资金分配挂钩的激励约束机制，加强对生态保护补偿资金使用的监督管理。鼓励设立生态管护公益岗位，吸收当地居民参与国家公园保护管理和自然环境教育等。

（十九）完善社会参与机制。在国家公园设立、建设、运行、管理、监督等各环节，以及生态保护、自然教育、科学研究等各领域，引导当地居民、专家学者、企业、社会组织等积极参与。鼓励当地居民或其举办的企业参与国家公园内特许经营项目。建立健全志愿服务机制和社会监督机制。依托高等学校和企事业单位等建立一批国家公园人才教育培训基地。

七、实施保障

（二十）加强组织领导。中央全面深化改革领导小组经济体制和生态文明体制改革专项小组要加强指导，各地区各有关部门要认真学习领会党中央、国务院关于生态文明体制改革的精神，深刻认识建立国家公园体制的重要意义，把思想认识和行动统一到党中央、国务院重要决策部署上来，切实加强组织领导，明确责任主体，细化任务分工，密切协调配合，形成改革合力。

（二十一）完善法律法规。在明确国家公园与其他类型自然保护地关系的基础上，研究制定有关国家公园的法律法规，明确国家公园功能定位、保护目标、管理原则，确定国家公园管理主体，合理划定中央与地方职责，研究制定国家公园特许经营等配套法规，做好现行法律法规的衔接修订工作。制定国家公园总体规划、功能分区、基础设施建设、社区协调、生态保护补偿、访客管理等相关标准规范和自然资源调查评估、巡护管理、生物多样性监测等技术规程。

（二十二）加强舆论引导。正确解读建立国家公园体制的内涵和改革方向，合理引导社会预期，及时回应社会关切，推动形成社会共识。准确把握建立国家公园体制的核心要义，进一步突出体制机制创新。加大宣传力度，提升宣传效果。培养国家公园文化，传播国家公园理念，彰显国家公园价值。

（二十三）强化督促落实。综合考虑试点推进情况，适当延长建立国家公园体制试点时间。本方案出台后，试点省市要按照本方案和已经批复的试点方案要求，继续探索创新，扎实抓好试点任务落实工作，认真梳理总结有效模式，提炼成功经验。国家公园设立标准和相关程序明确后，由国家公园主管部门组织对试点情况进行评估，研究正式设立国家公园，按程序报批。各地区各部门不得自行设立或批复设立国家公园。适时对自行设立的各类国家公园进行清理。各有关部门要对本方案落实情况进行跟踪分析和督促检查，及时解决实施中遇到的问题，重大问题要及时向党中央、国务院请示报告。